幻變魔術帽

魔術的吸引之處 —— 觀眾篇

打破物理規律是魔術令人着迷的一個重要元素。成功的魔術表演會先令觀眾覺得自己能找出表演者的套路，但及後卻瞬即被眼前跟物理法則相違背的景象騙倒。

▲觀眾的即時反應：魔術帽的空間細小，無法容得下比它大的物件。

現今的互聯網非常發達，人們想知道某魔術的原理時，上網一搜就一清二楚，很多魔術的「秘密」早就不秘密了。不過魔術表演仍很受歡迎，因觀眾欣賞的是魔術師的技術，多於魔術招式本身。

▶從魔術帽變出白兔或不同物件，是一個家傳戶曉的經典魔術。很多人已知道那物件藏在道具、衣服，甚至是魔術帽本身的暗格中。不過只要表演流暢，人們仍會看得樂此不疲。

看來只要多練習，引導觀眾亦非難事呢。

幻變魔術帽的原理

再說，這是個很易懂的機關。

雖然羽毛花看似比魔法棒和魔術帽都大，但可摺合起來，並藏在狹窄的魔法棒內。另外，花棒的根部則是一塊小磁石。

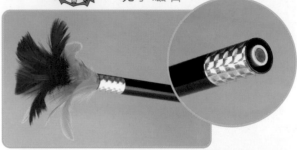

至於魔術帽內則藏有一塊鐵片，由於鐵片跟帽同樣是黑色，觀眾單憑肉眼不能將其分辨。

將魔法棒放進帽內時，鐵片便吸住花棒的磁石。這時只要拔走魔法棒，羽毛花就會展露出來。

魔術小技巧

羽毛花棒的磁石吸上帽內的鐵片時，發出的聲響或會引起觀眾懷疑，因此放魔法棒時最好假裝大力敲擊帽的底部，或以綿花、廁紙等薄薄地包裹磁石表面來降低聲響。

魔術的吸引之處 ——表演者篇

以不同魔術手法去欺騙觀眾可説是魔術的本質，對魔術師來説，從騙倒別人所獲得的快樂是非常重要的推動力。而這種快樂會因應瞞騙觀眾的難度、人數，及成功愚弄他們後所得到的尊重而倍增，為此魔術師會不斷鑽研新招式。

因為快樂而犯罪？

如上方所説，愚弄別人會帶來快樂。一些欺詐、店舖盜竊等慣犯未必為了物質利益，而是為追求刺激才不斷犯案。

所以凡事應適可而止，玩魔術沒問題，但別用它來犯罪啊。

騙術無處不在？

不少生物為了求存或繁殖，也演化出各式「騙術」。

◀生物學家發現不少「一夫一妻」鳥類所下的蛋，其DNA竟來自不同的雄性，因而發現雌鳥會瞞着伴侶，與其他雄鳥交配。這樣雌鳥後代的基因就會更多樣，抵抗力也較強。

◀這是一種鳳蝶（Papilio troilus）的幼蟲，牠們利用身上的花紋偽裝成一條蛇來嚇退獵食者。

人類更發展出自我欺騙的策略，以「自我膨脹」（即高估自己）為例，根據一項研究，八成受訪美國高中生自認領導才能位列於較好的50%，而超過九成研究員自認位列於表現較好的50%！

當人們連自己也騙倒時，就能減少流汗、頻繁眨眼等說謊時出現的身體語言，因而更易令人信服，獲取更大利益。

> 要騙人先要騙自己！

啊？

我只是在表演，那兩人怎麼兇惡地盯着我？

現在要演另一個魔術！

哼！竟敢把人都引走了，阻着我做生意，一會過去拆穿他的把戲！

神奇逃獄卡

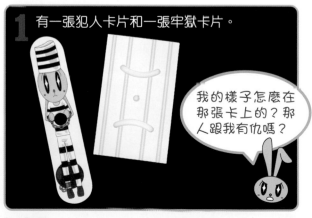

1 有一張犯人卡片和一張牢獄卡片。

我的樣子怎麼在那張卡上的？那人跟我有仇嗎？

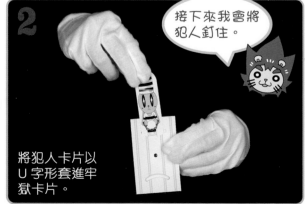

2

接下來我會將犯人釘住。

將犯人卡片以U字形套進牢獄卡片。

3 這時嘗試將犯人卡片拉出來。

釘住了，拉不到啊。

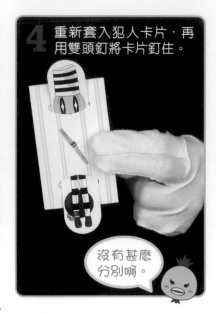

4 重新套入犯人卡片，再用雙頭釘將卡片釘住。

沒有甚麼分別啊。

5 再嘗試將犯人卡片拉出。

這次成功逃脫了！

也可使用從文具店購買的雙頭釘。

神奇逃獄卡的原理

哼！秘密就在卡片的背面！

其實，犯人卡片並沒被釘住，只是觀眾有此錯覺而已。

牢獄卡片正面及背面的上下都有洞，不過卡背兩洞的距離較短。

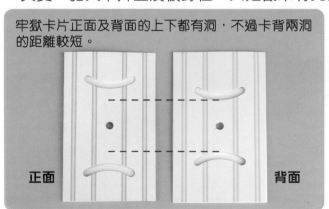

正面　　　　　　　　　背面

步驟 2 及 3 中，犯人卡片只經過表面的 2 個洞口，因此確是被釘住，情況如下圖：

從側面觀察

牢獄卡片（表面）

犯人卡片

雙頭釘

牢獄卡片（背面）

▼到步驟 4 至 5，犯人卡片其實是以另一方法套入牢獄卡片，只是觀眾看不出來。

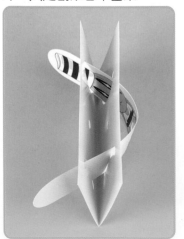

▶別讓觀眾看牢獄卡的背面，否則當他們看到卡背也有洞，可能很快猜出其原理。

犯人卡片　　雙頭釘　　牢獄卡片（表面）

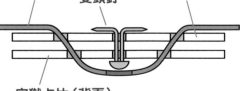

牢獄卡片（背面）

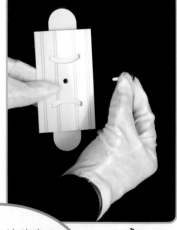

從側邊可看到犯人卡片呈 U 字型，穿過底面所有的洞口，而且卡片的洞比釘頭大。在此情況下，它可從釘頭上方滑過而不被卡住。

更改犯人卡片的套入方法後，只要不展示牢獄卡片的背面，觀眾仍會誤以為情況不變呢。

容易被騙的人腦

　　神奇逃獄卡能騙過觀眾，是利用了人腦的認知偏誤，而「腦補」是其中一例。人腦遇到不完整的資訊時，會按自己過往的經驗或見識，以自認合理的虛構資訊來填補。

　　不少經典魔術都是利用認知偏誤，以穿牆魔術為例：

1 魔術師走進布幕後，令觀眾看到其身影穿進牆中。然後助手打開布幕，觀眾就發現魔術師消失了。

2 助手再將布幕移到牆的另一邊，這時觀眾看到一個身影從牆壁爬出來，布幕旋即打開，魔術師重新出現。

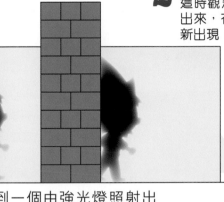

　　魔術師走進布幕後，觀眾只看到一個由強光燈照射出的人影。影子的位置不僅隨表演者的走動而變，也會受強光照射的角度而移位。只要強光燈稍轉一下，就能誤導觀眾，以為魔術師跑進牆內。

　　有些表演中，布幕內的人影甚至不是魔術師本人，而只是其助手。

　　當助手將布幕搬到另一邊時，魔術師躲在布幕後一同移動，再以光影誤導觀眾，假裝從牆壁走出來。

連環收納盒

他們在吵甚麼？難道那頭牛是受害人？

我也表演一個魔術，如果你看不穿原理，就別再在這裏表演了！

呃……

1 我手上有個硬幣。

2

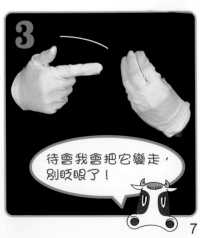

3 待會我會把它變走，別眨眼了！

拿出一個盒子，準備把硬幣變進去。

媽哩媽哩空！

硬幣不見了！

6 再將盒打開。

硬幣竟在盒中！

發生甚麼事？

怎樣？猜不出原理就快走吧。

呃……

連環收納盒的原理

這是基本招式，之前在書上看過呢。

　　硬幣是在探袋拿盒時，順便放在收納盒內。此前，用左手接過硬幣是假動作，那是一種叫「法式下落法」（The French Drop，又名 Le Tourniquet）的魔術招式。

左手握成拳頭的瞬間，右手拇指其實放開了硬幣，讓它掉在掌心。

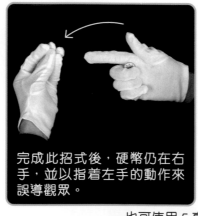

完成此招式後，硬幣仍在右手，並以指着左手的動作來誤導觀眾。

收納盒早已裝於輔助架，並放在衣袋中，方便用右手將硬幣放進去。然後蓋好，再取出來展示觀眾。

也可使用 5 毫硬幣或其他可藏於收納盒的硬幣。

嘿，這只是掩眼法。就算有些穿崩，只要引開觀眾的注意力，仍可矇混過關。

脆弱的感官

　　人的主觀感覺並不可靠，不論是視覺、聽覺、觸覺，甚至是記憶，都有失靈的時候。

不注意視盲

　　當人們專注於一項須高度精神集中的工作時，就可能會忽略跟那項工作無關的資訊。若是忽略眼睛所看的東西，就稱為不注意視盲。

心理學家做了一個實驗，請受試者觀看一段影片。片中有一群白衣人及黑衣人互傳籃球，中途有一個身穿猩猩服裝的人出現約 10 秒。

受試者被要求數出片中白衣人的傳球次數，而那些答出正確次數的受試者中，超過 5 成都看不到那身穿猩猩服裝的人！

麻煩讓開！

讓我過去呀。

哎呀！

哇！

咦？

你看得出來吧？

這副牌真特別，聽說最近這公園有騙子出沒，你可否解釋一下？

但說出來會「破戒」呀。

糟糕，我的老千牌！

魔術原理該保密還是公開？

　　魔術師社群有一個不成文規定，就是不能公開任何魔術的秘密。

　　支持保密的原因主要有二。第一，原理保密的魔術才會有神秘感及好看。第二，泄密等於「搶走」其他魔術師的努力成果，影響他們的利益。

　　不過，也有魔術師主張公開部分魔術的秘密，認為這樣能提高公眾對魔術的興趣。例如魔術師法爾・華倫天奴在節目「解開魔法陣」中，公開不少經典魔術的原理。

你那鮮紅色的瞼頰，還有頭上那像高帽子的羽毛，真是優雅美麗！

謝謝，除了美貌，我的叫聲也響亮悅耳呢！

紅耳鵯

© 海豚哥哥 Thomas Tue

　　紅耳鵯（Red-whiskered bulbul，學名：*Pycnonotus jocosus*），是鵯科鵯屬的鳥類，身長可達 22 厘米，翼展可至 28 厘米，體重則達 40 克。頭頂長有高聳的黑色冠羽，眼下後方有一點紅斑，頰部和喉部則有白色羽毛與黑短喙；上半身主要呈褐色，下半身則是白色，腳爪為黑色。

　　這種鳥喜歡在森林、灌木叢或濕地繁殖棲息，分佈於香港、中國及東南亞一帶，壽命估計可達 11 歲。

© 海豚哥哥 Thomas Tue

▶牠們主要吃植物種子、果實、花和草為生。

◀成年紅耳鵯近臀部位置有一叢紅色羽毛，而幼鳥要待眼後長出紅斑後才出現這種紅尾羽。

© 海豚哥哥 Thomas Tue

有興趣跟海豚哥哥出海考察中華白海豚嗎？請瀏覽網址：
https://eco.org.hk/mrdolphintrip

海豚哥哥 Thomas Tue

海豚哥哥簡介

　　自小喜愛大自然，於加拿大成長，曾穿越洛磯山脈深入岩洞和北極探險。從事環保教育超過 20 年，現任環保生態協會總幹事，致力保護中華白海豚，以提高自然保育意識為己任。

那是
SNAKE！

科學
DIY

動物

博學字母蛇

萊萊鳥和亞龜米德到森林探險時，竟看到一條蛇身上有字母，還會在樹間「飛翔」……

製作時間：
約 1.5 小時

製作難度：
★★☆☆☆

正文社 YouTube 頻道

嘟一嘟在正文社 YouTube
頻道搜尋「#213DIY」
觀看製作過程！

玩法

用蛇身拼出不同的字母，讓朋友來猜這是甚麼英文字。

這個英文字是
SNACK 嗎？

壓扁蛇身以揭曉答案！

原來是
SHARK。

製作方法

材料：棉繩　　　工具：膠水、剪刀、大頭釘、縫衣針

1 用大頭釘在蛇頭開孔處打孔。　蛇頭

2 沿線摺出摺痕。

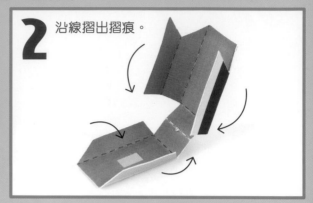

3 如圖黏上蛇舌。

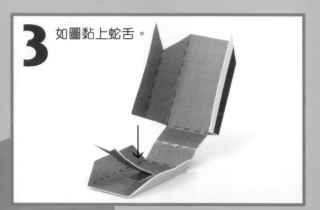

4 如圖黏合蛇頭。

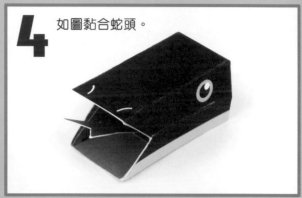

1 用大頭釘在蛇身開孔處開孔。　蛇身

2 沿線摺出摺痕。

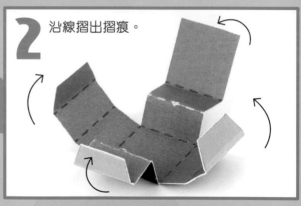

3 如圖黏合蛇身。

4 重複步驟 1-3，直至摺好所有字母及空格。

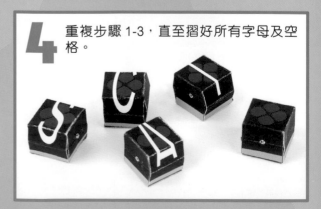

1 用大頭釘在蛇尾開孔處開孔。

蛇尾

2 沿線摺出摺痕。

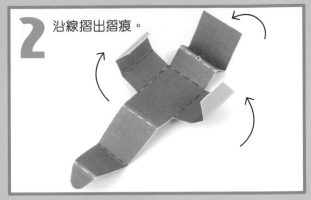

3 如圖黏合蛇尾。

4

打結。

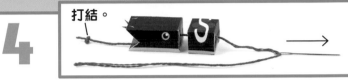

先在棉繩的一端打結,另一端穿過縫衣針,然後如圖將針線穿過蛇頭、蛇身及蛇尾的孔口。

完成!

金花蛇 Photo Credit:
"Chrysopelea ornata" by LA
Dawson / CC-BY-SA-2.5
https://commons.wikimedia.
org/wiki/File:Chrysopelea_
ornata.jpg

這條能使身體變扁的蛇,叫金花蛇,能在空中滑翔。

金花蛇小檔案

- 學名:*Chrysopelea*,俗稱「飛蛇」。
- 樹棲性蛇類,擅長攀爬樹木。
- 以小型哺乳類、小蜥蜴與鳥類為食。
- 主要分布於東南亞、美拉尼西亞群島及印度。

金花蛇如何滑翔?

1 金花蛇先爬到樹枝頂端,掛成 J 字形。

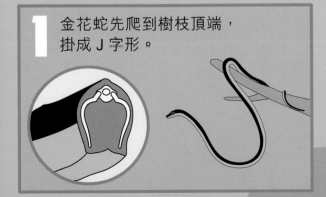

2

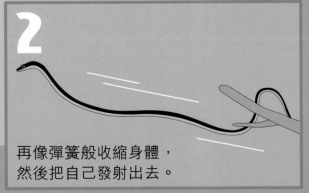

再像彈簧般收縮身體,然後把自己發射出去。

13

起跳後，金花蛇張開肋骨，使身體變得扁平，其寬度幾乎達正常狀態的兩倍。這時，蛇身會扭動成S形滑翔。

為甚麼要張開肋骨？

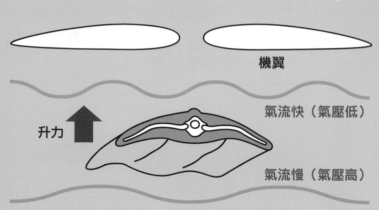

機翼

升力

氣流快（氣壓低）

氣流慢（氣壓高）

金花蛇張開肋骨後，從橫切面上看，其身體就像飛機機翼一樣。蛇身的上半部呈弧形，令空氣流速較快；而蛇身的下半部較平直，令空氣流速較慢。根據伯努利定律，空氣流速愈快，氣壓就愈低，反之亦然。於是蛇身上方的氣壓比下方的氣壓低，產生一股由下往上推升的升力，使金花蛇能在空中滑翔得更久。

S形飛行的秘密

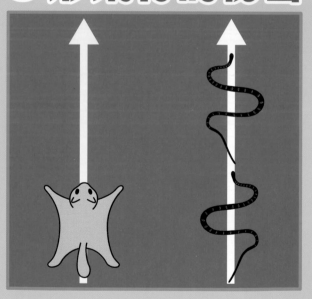

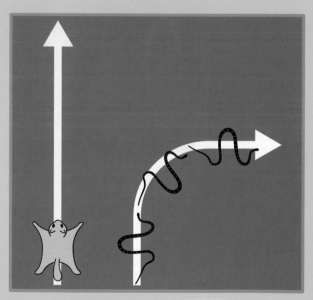

一般滑翔動物如飛鼠在滑翔時，會張開四肢及翼膜，以調整飛行方向。雖然金花蛇沒有四肢，但透過S形擺動，令自己在直線飛行時，保持身體左右對稱而穩定地滑翔。另外，一般滑翔動物通常只能呈直線飛行，但金花蛇透過把重心斜向一邊，能急速90度轉彎，以應對各種突發情況。

金花蛇雖然是毒蛇，但分泌的毒液毒性較輕，一般只對小型動物有效。即使被牠咬到，都不會有生命危險。

紙樣

沿實線　沿虛線　沿虛線　黏合處　開孔
剪下　　向內摺　向外摺

蛇頭

蛇身

蛇尾

在正文社網站下載更多字母紙樣吧！
https://rightman.net/uploads/public/
CSDownload/213DIY.pdf

蛇舌

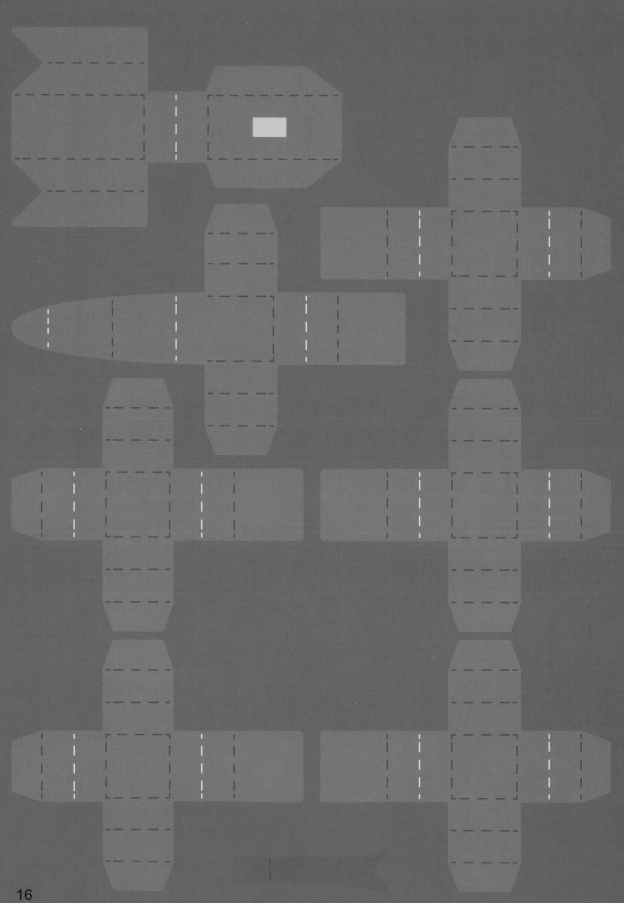

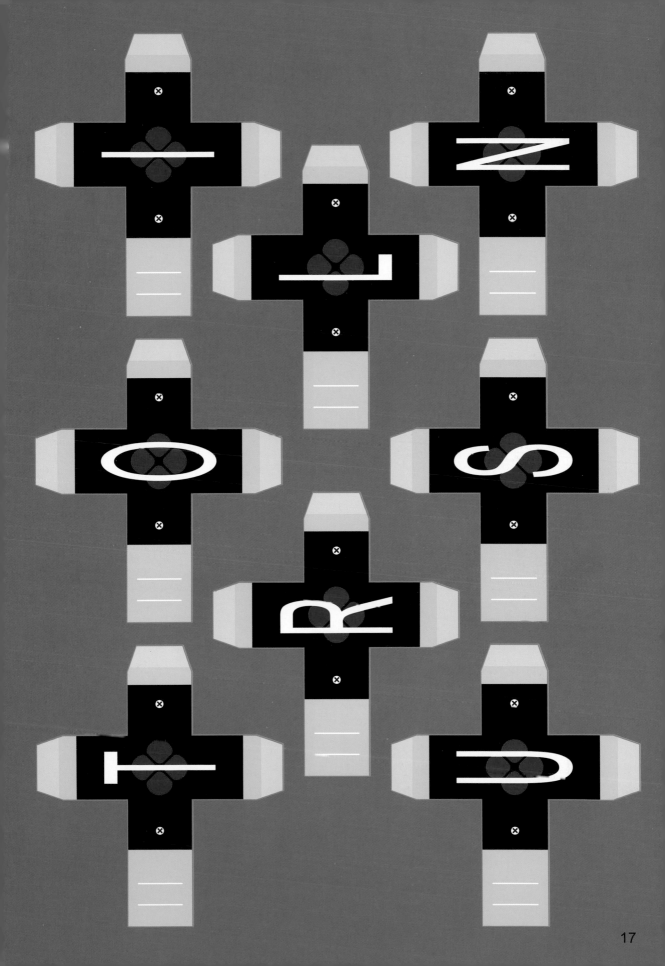

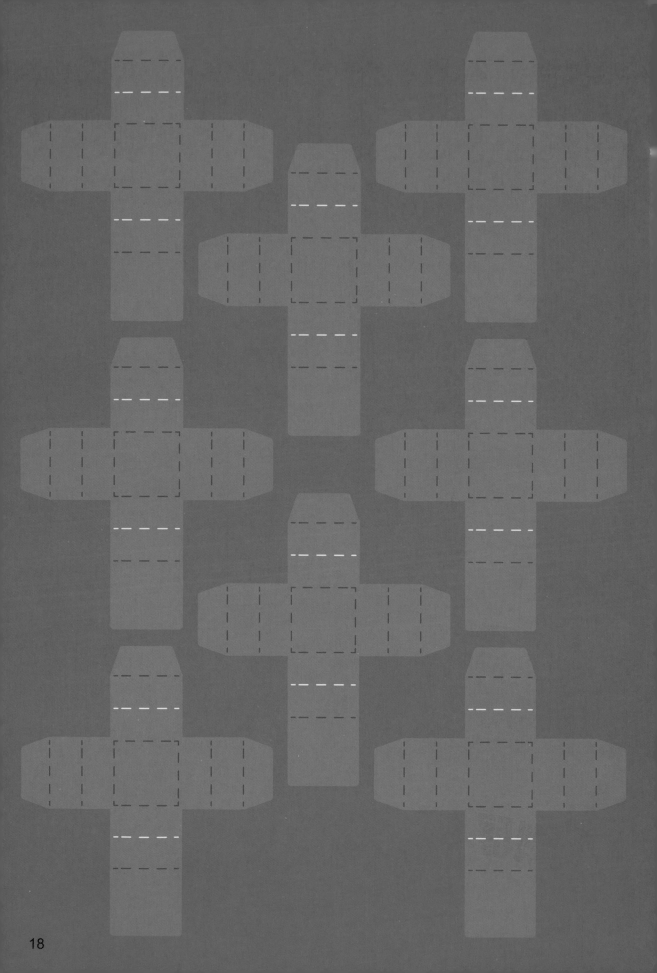

表演後，愛因獅子先回家放下道具，再趕到朋友家中的派對……

抱歉，剛才遇上騙子搗亂……

啊，你來啦。

最近學了甚麼招式？

快露兩手給我們看吧！

對啊，快表演一下！

科學魔術 DIY

可是我已把道具放在家裏……對了！就表演這兩個魔術吧！

急速冷凍杯

不倒硬幣柱

魔術一：不倒硬幣柱

用具：5毫硬幣或1元硬幣5-10枚、鐵間尺（或其他比硬幣更薄的間尺亦可）

1 疊起5至10枚5毫或1元硬幣，並嘗試用鐵尺把最底的硬幣擊打出來。

2 如緩慢地擊打，整疊硬幣也跟着移動。

3 改為快速擊打。

這次成功將最底層的硬幣擊打出來！

影響成敗的摩擦力

擊打最底層的硬幣時，上方的硬幣堆本來是靜止的，並因慣性而傾向不移動。換言之，硬幣堆相對於最底層的硬幣而言，正嘗試向後滑行。可是，硬幣堆和最底的硬幣間有摩擦力，令整疊硬幣一同向前移動。

各種力的分佈

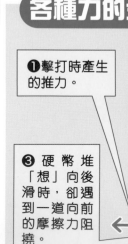

這比較像實驗啊。

❶擊打時產生的推力。

❷底層硬幣向前移時，上方的硬幣相對底層硬幣而言就向後滑行。

❸硬幣堆「想」向後滑時，卻遇到一道向前的摩擦力阻撓。

只是，高速擊打硬幣產生的推力較大，令底層硬幣快速飛出來。而上方的硬幣堆則只在極短時間內被最底的硬幣摩擦，來不及一同移動。

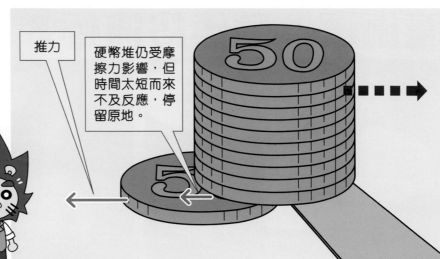

推力

硬幣堆仍受摩擦力影響，但時間太短而來不及反應，停留原地。

鐵尺的速度不同，便有不同效果，十分神奇呢。

物件運動總是相對的？

當我們描述一個物件的運動時，須選一個角度觀察此物件。雖然物件當下的運動方式只有一個，但觀察結果卻會因角度而變。以下圖為例：

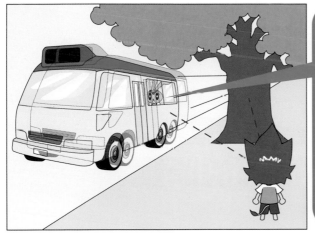

▲愛因獅子站在街上時，街上的樹木相對於愛因獅子而言是不動的。而路過的小巴相對於愛因獅子而言，則正以若干速度移動。假設此速度為時速 80 公里。

▲居兔夫人是小巴的乘客。那麼，樹木及愛因獅子相對於居兔夫人而言不是靜止的，而是以時速 80 公里移動！

日常生活中，我們通常只會說某物件以若干速度運行，那其實是相對於地球所描述出來的。

「慣性」是甚麼？

牛頓力學第一定律表明：「若無淨力，動者常動，靜者常靜。」意思是：除非物件受外力影響，否則物件總是維持當下的運動狀態。這種物件維持當下的傾向就是慣性。

▲一個靜止的籃球會維持靜止，不會無故動起來。

▲一個向前滾動的籃球若沒遇上阻力，就會一直滾動，不會停下。

魔術二：急速冷凍杯

再表演另一個魔術給你們看吧！

1 這是可立即將水結成冷塊的杯，我準備倒一些清水進去。

2 像這樣。

3 等2至3秒讓水結冰。

4 杯中竟然倒出冰塊！

難道杯中有吸水的物件？

急速冷凍杯的原理

用具：不透明的大杯、細杯、海綿、冰塊、水

STEP 1 表演前，先塞一塊海綿進大杯底部，再在海綿上放一塊冰，冰塊絕不能高於杯口。

請先測試海綿能否將倒入的水吸光，不要倒進過多的水。

哈，你說對了。

STEP 2 倒水後可搖一搖杯子，確保所有水都已被海綿吸收。

請不要淋熱水或暖水，否則冰塊會融掉。

海綿是甚麼？

以前，清潔用的海綿是用海綿（生物）來製造的！

海綿（*Porifera*）是一種屬於多孔動物門的水生動物，牠由許多細胞組成，卻沒有任何組織或器官，身上有許多可讓水通過的孔洞及管道，讓細胞直接從水中吸取養分及氧氣，並排出廢物。大部分海綿都十分堅硬，只有少數較軟的品種可用作清潔工具。

不過，現時大部分清潔用的海綿都不是源自海綿生物，而是以木質纖維或塑膠纖維製成。

▼於加勒比海拍攝到的4種海綿。

▲曬乾後的天然海綿

海綿為甚麼能吸水？

不論是天然海綿或人工海綿都有許多孔洞。當水分滲進去後，便會因毛細作用而被困住，只要不擠壓海綿，水分便不會排出。另外，紙巾和毛巾也是以此原理吸水的。

放大後的海綿表面

孔洞及管道十分細小，因此裏面的水緊貼海綿表面，而兩者之間有微細的牽引力，水就很難流失。

化學吸水法

吸水方法不止一種。吸水珠、紙尿片、衛生巾等用品利用聚丙烯酸鈉等吸水力極高的聚合物來吸水。那些聚合物分子可與水分子產生連結，從而將水分子困住。該物質的吸水力驚人，1克的聚丙烯酸鈉便可吸收300至800克的水！

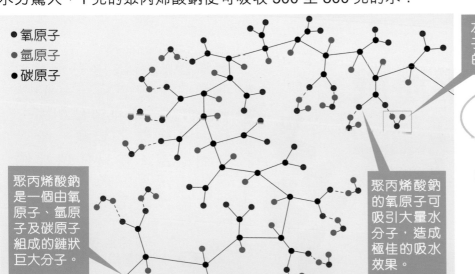

● 氧原子
● 氫原子
● 碳原子

水分子（由2個氫原子及1個氧原子組成的V型分子）

聚丙烯酸鈉是一個由氧原子、氫原子及碳原子組成的鏈狀巨大分子。

聚丙烯酸鈉的氧原子可吸引大量水分子，造成極佳的吸水效果。

利用日常接觸到的科學原理，也能變出魔術呢！

IQ挑戰站 腦筋 學會的晚宴

以高智商為入會標準的兒科學會，邀請會員來參加一場晚宴。

Q1 圓桌座位的排列

晚宴裏，設有數張可坐6人的圓桌。每個會員均可攜同一名親屬共赴晚宴，並坐在同一張圓桌。舉辦者想讓參加者有更多交流，於是訂下兩條規矩：
- 會員只能與親屬相鄰
- 每個會員均不得與自己的親屬相鄰

那麼，舉辦者該如何安排座位呢？

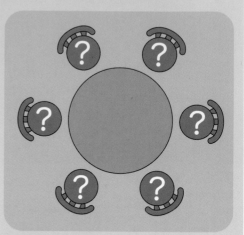

Q2 頓牛的懶惰切餅法

廚師頓牛烤了一塊長方形薄餅，須將之均等分給64個參加者。只是，他嫌直七刀、橫七刀的切法太麻煩。你能幫他想出切最少次數的切法嗎？

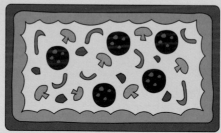

也許可把已切好的部分放在未切好的部分上。

Q3 天平遊戲

晚宴舉辦者取出天平及8個小盒子，與會員玩一個遊戲。8個盒子本身重量相同，但其中一個裝了徽章，所以較其他的重。在只使用那個天平的情況下，最少要秤多少次才能找出裝有徽章的盒子？

可把盒子分成兩組……

答案就在P.44！

夏洛克 少年時代的福爾摩斯，聰明又有愛心。被猩仔封為少年偵探團G的新丁1號。

大偵探福爾摩斯

實戰推理系列

SHERLOCK HOLMES

科學鬥智短篇
斷劍傳說

厲河=監修　　陳秉坤=改編、繪

G·K·切斯特頓=原著

陳沃龍、徐國聲=着色

猩仔 少年時代的李大猩，志願成為蘇格蘭場幹探。組成少年偵探團G，並自封團長。

荒野的寒風從河上吹來，刮痛了鮑伯的臉龐，讓他禁不住打了一個寒顫。他一清早就在河邊監視敵軍的動靜，寒冷又乾燥的天氣，讓他不自覺地喝多了水。

「我上廁所去。」鮑伯感到**尿意難耐**，對一起站崗的同僚說。

「速去速回啊！敵方大軍就在對岸，萬一突然攻過來怎麼辦？」

「放心，誰會想在大冬天渡河進軍呢？」鮑伯說罷，就往叢林走去。

鮑伯所屬的**800人先頭部隊**，在兩日前發現敵方有**10000大軍**駐守在對岸的高地上。礙於雙方軍力懸殊，鮑伯的部隊在主力來到之前，一直按兵不動。不過，敵軍看來也深明自己的陣地**易守難攻**，所以一直只在原地駐紮，並無進犯。

「看來暫時不會開戰吧。」鮑伯**自言自語**地走進叢林中。當他解開褲頭正想小解時，林內忽然傳來兩個男人的聲音，把他嚇了一跳。

「唔？這聲音……？好像是**多隆少校**和**克萊爾將軍**在談話呢。」鮑伯慌忙拉起褲頭躲起來，並通過樹叢的縫隙往聲音來處看去。

「他們為何走來這裏討論事情呢？」鮑伯知道竊聽上

級的對話是大罪，卻無法阻止自己的好奇心，悄悄地豎起耳朵細聽。

「將軍，軍火的庫存少了，不知你是否知道原因呢？」多隆少校的聲音傳來。

「我怎會知道，調查原因不是你的職責嗎？」克萊爾將軍的聲音應道。鮑伯聽得出，將軍的**語氣粗暴**，顯得非常不快。

「看來是在爭執呢。」鮑伯壯着膽子從樹後伸出頭來偷看。

這時，只見多隆少校拿出一個**小本子**，不客氣地質問：「調查確是我的職責，所以我才來問你。」將軍看到那個小本子，馬上面色一沉。

「多隆好大膽，竟敢這樣質問將軍。」鮑伯心中感到驚愕，腳下不期然地移動了一下，卻「嘎吱」一聲，不小心踩到了一根枯枝。

嘎吱

「唔？」多隆少校與將軍同時往這邊看過來。

「糟糕！」鮑伯赫然一驚，隨即伏在地上**不敢動彈**。

他屏息靜氣地等待了一會，才敢悄悄地在草叢中**匍匐**後退了十多碼。當確認少校與將軍並沒追過來後，他才鬆了一口氣：「呼……嚇我一跳。他們到底在爭論甚麼，難道軍火的庫存出了問題？」

「啊，不行了，快要尿出來啦。」緊張過後，鮑伯的尿意更濃，他匆匆跑到一旁的草叢解決。完事後，為免碰到少校兩人，他又刻意**繞了個大彎**才跑回看哨的地方。

「怎麼上個廁所也這麼久？躲懶嗎？」同僚抱怨道。

「哈哈，抱歉、抱歉，剛才拉肚子。」

鮑伯站回哨崗，心中想道：「**沉默是金**，剛才的事還是不要說出來好。萬一被誤會我偷聽上級對話，可不是講玩的。」

河岸**平靜如常**，只是偶爾有幾隻鳥兒在河面飛過，帶起了幾絲波紋。鮑伯不經不覺已在哨崗站了一個小時，他心中暗喜：「太好

了，快到換班時間了。」

就在這時，一個傳令兵卻跑來喊道：「**緊急命令！全軍馬上準備渡河出擊！**」

「甚麼？出擊？」鮑伯被嚇了一跳。

「克萊爾將軍指令全軍緊急出動！快！馬上行動！」傳令兵說完，就往下一個哨崗跑去了。

「要開戰嗎？援軍還未到呀。」鮑伯慌忙跑回軍營。他急急收拾好物件，然後再奔往列隊的空地報到。

當他到達空地時，已看到克萊爾將軍在整列軍隊。不一刻，他又看到**默雷上校**跑到將軍身旁問：「為甚麼要突然出擊，發生甚麼事了？」

「多隆帶着機密投敵了！必須追上去阻止他！」將軍憤然道。

「甚麼？多隆他怎會……？」默雷驚訝得說不出話來。默雷跟多隆是軍校同期好友，在軍營內**無人不知**。

「你想說甚麼？質疑我嗎？」將軍厲聲道。

「屬下不敢……」

「那就馬上準備渡河突擊吧！」

「但敵軍的人數遠超我方，冒然進攻的話──」

「默雷上校！」將軍高聲搶道，「**毋須多言**！這是命令，明白了沒有？」

「明白！」默雷馬上立正應道。

在所有士兵列陣完畢後，將軍隨即拔出他的**佩劍**，指向對面的河岸高聲呼叫：「全軍進擊！」

將軍**一聲令下**，鮑伯也跟隨軍隊眾人一起吶喊示威，齊步前進，往那冰冷的河岸進軍，邁向**不歸的戰場**……

秋高氣肅，公園已染上了一抹金黃。桑代克坐在長椅上，咬了一口蘋果，悠閒地享受着秋風帶來的爽朗天氣。這時，有幾隻小松鼠在附近的樹上來回奔跑，不時停下來看着桑代克，好像在**垂涎**着他手上的蘋果似的。終於，一隻膽大的小松鼠鼓起勇氣從樹上爬了下來。牠跳到長椅上，看了看桑代克，又看了看他手上的蘋果。

　　桑代克笑着把蘋果遞上，說：「想吃嗎？」

　　小松鼠被嚇了一跳，慌忙退後了幾步，但又馬上停下來盯着桑代克，好像在猶疑這個蘋果是不是一個**陷阱**。

　　「不用擔心，吃吧。」桑代克把咬過一口的蘋果放在長椅上。

　　小松鼠歪着頭，左看看，右看看，突然**一個箭步**竄前，雙手抱起蘋果轉身就走。牠一蹬一躍，轉眼間已跳到一張沒人的長椅上，津津有味地吃起蘋果來了。

　　「哈，真的是**老實不客氣**呢。」桑代克看着小松鼠笑道。

　　忽然，一個調皮的聲音從後方傳來：
「松鼠！松鼠！是松鼠啊！」

　　呼喊聲把小松鼠嚇得跳了起來，牠抱着蘋果用力一蹬，就一溜煙似的躍到樹上去。那幾隻在樹上的松鼠見狀隨即追去，看樣子是要爭奪小松鼠手上的蘋果。

　　「猩仔，你**姍姍來遲**，但嗓門依舊那麼吵耳呢。」桑代克一聽就知聲音的主人是誰了。

　　「哈，你的意思是**如雷貫耳**吧？當然囉，我可是全倫敦嗓門最響亮的小學生。」猩仔**自吹自擂**地說。

　　「吵耳和如雷貫耳可不一樣啊。」跟在後面的夏洛克說完，又以怪責的語氣道，「都是你不好，死要吃完下午茶才肯出門。看！我們遲到了。」

「不要緊，時間還早呢。」桑代克笑道。

「你看，我不是說不用急嗎？」猩仔厚着臉皮說。

「你嚷着要學習**查案技巧**，桑代克先生才抽空跟我們見面呀！還好意思讓人家等待。」夏洛克沒好氣地說。

「哈哈哈，不要罵他了。」桑代克說着，往猩仔瞥了一眼，「看他特意與你一起**抄小路**趕來，我就原諒他吧。」

「你怎會知道我們抄了小路的？」猩仔詫異地問。

「嘿嘿嘿，我看到你們身上黏了些**芒草花碎**呀。附近就只有南門一帶的荒地有這種芒草，而那邊是通來這兒的捷徑，一看就知道啦。」

「桑代克先生真沒趣，專挑些小地方看。」猩仔說。

「這是**細心觀察**。」夏洛克糾正道。

「夏洛克說得對，要學習查案，就要訓練**觀察力**。」

「哈！論觀察力嘛，我敢說第二，也沒人敢說第一啊。不信的話，問問我爺爺，就算他把零食藏起來，最終都會被我找出來呢！」

「那不是因為你觀察力強，只是因為你**饞嘴**！」夏洛克沒好氣地說。

「哈哈哈，不必爭論，**行動最能反映實力**。」桑代克說着，指着不遠處的樹林說，「猩仔，看到那邊的樹林吧？剛才那隻抱着蘋果的小松鼠就在林中，能把牠找出來嗎？」

「抱着蘋果的小松鼠……？在哪兒呀？」猩仔朝樹林瞇起眼說。

謎題① 8
各位讀者，你們也幫幫忙找一找吧。看看那隻小松鼠藏在哪裏？如找不到，就看p.39的答案吧。

「對，全是樹葉和草，哪來的松鼠啊？」夏洛克往樹林望去，但也找不到松鼠的蹤影。

「所謂『**樹葉藏於森林**』，要藏起一片樹葉不讓人找到，最好就是把它放在有大量樹葉的森林之中。同樣地，褐色的小松鼠最好的藏身之處，當然是在黃褐色的樹木之中了。」桑代克說。

「是嗎？」夏洛克再定睛細看了一會，忽然眼前一亮，「啊！我找到了。」

「找到了？在哪兒？」猩仔急忙追問。

「就在那棵樹附近。」夏洛克指着其中一棵樹說。

「這麼多棵樹，你說哪一棵呀？」

「夏洛克的觀察力很好，他已找到了。猩仔你還沒找到，證明須要多加訓練啊！」桑代克說。

「哼！行動最能反映實力！我就用行動來證明吧！」猩仔說着，**一股勁兒**衝進樹林中大叫大嚷，把松鼠們嚇得四散而逃。

松鼠們一動，猩仔輕易就看到牠們了。他發現其中一隻緊緊抱着吃剩的蘋果芯不放，就**得意揚揚**地指着那松鼠說：「嘿！找到了，在那兒！」

「哎呀，你這方法**太粗暴**了，會把松鼠們嚇壞啊！」桑代克斥責。

「嘿！找到就算贏，我贏──」猩仔還未說完，一個蘋果芯飛至，「**砰**」的一聲打在他的頭上。

「**哇！痛死我了！**」猩仔呼呼叫痛。他定睛一看，只見那隻小松鼠「**吱吱**」地叫嚷，好像在為牠的成功突擊歡呼。其他松鼠見狀也跟着一起「吱吱」地叫起來，聽起來就像在嘲笑猩仔似的。

「可惡！你這臭松鼠別跑！」猩仔**不甘受辱**，怒氣沖沖地往樹上攀去，但松鼠們當然不會**坐以待斃**，幾下跳躍就逃到遠方去了。

「別跑！」猩仔見狀慌忙從樹上跳下緊追而去。

「等等！你不要自己跑走呀！」夏洛克大叫，但猩仔卻已鑽進樹林去了。

「我們跟上去看看吧。」桑代克說罷，馬上朝猩仔追去。

「可惡！給那松鼠逃脫了。」猩仔追到公園的**中央廣場**，但那隻小松鼠已失去了蹤影。夏洛克與桑代克從後趕到，正想責罵猩仔時，卻看到廣場的中央有一座全新的雕像，一名軍人裝束的男子正在**獻花**。

「唔？我記得之前來的時候，並沒有這個雕像呀。」猩仔也看到了，他指着雕像叫道，「他是甚麼人呀？」

那是一個**老軍人**的雕像，他手握一柄長劍指向天空，顯得**英明神武**。只是不知怎的，長劍的尖端卻斷了一截。

正在獻花的男子發現叫嚷的是一個小孩，就放下花束，轉過頭來說：「這位軍人綽號『**斷劍將軍**』，雕像是為了紀念戰爭完結而新建的。」

「原來是英勇不凡的克萊爾將軍，他的事跡我也略有所聞。」桑代克走過來說。

「沒錯……**他曾經是我最景仰的軍人**。」那男子似有所感地說。

聞言，桑代克心中閃過一下**疑惑**，於是問道：「看來，你曾與英勇的克萊爾將軍一起共事過呢。」

「對，他非常英勇。我們總是衝在最前，視死如歸地戰鬥。」

「**視死如歸**？」猩仔兩眼發光地嚷道，「我也要學他，視死如歸地**除暴安良**，抓光倫敦的犯罪分子！」

「喂！」夏洛克低聲提醒，「人家在悼念將軍，別**亂叫亂嚷**啊。」

「沒關係。」那男子微微一笑，「這位小胖子說得對，將軍確實

31

是我們的榜樣。」說罷，他臉上透出了一絲猶豫。

「小胖子？他在說誰？」猩仔問夏洛克。

「還用問嗎？當然是指你。」夏洛克沒好氣地說。

「我？我是小胖子？」猩仔**鼓起腮子**，有點生氣地向那男子說，「我叫猩仔，是班中的帥哥。你是誰？還未報上名來呢！」

「啊，對不起。」那男子笑道，「我是將軍的部下默雷，也是將軍的女婿。」

「原來如此。」桑代克看了看雕像。

「將軍那麼英勇，但雕像卻**製作得很馬虎**啊。」猩仔指着雕像握着的劍說，「看！劍的前端都斷了。」

「不，你誤會了。」默雷失笑道，「那柄斷劍是為了**重現傳說**，特意弄成那樣的。」

「傳說？甚麼傳說？」夏洛克好奇地問。

「五年前，克萊爾將軍率領一小隊步兵**孤軍頑抗**敵國大軍，他身先士卒親自拔劍上陣，與敵軍格鬥時連劍也斷了，但仍戰鬥至最後一口氣，最終**戰死沙場**。那柄斷劍，就是為了紀念這段事跡而設計的。」

「啊……原來將軍這麼屬害……」夏洛克不禁讚歎。

「不！那傢伙只是個**殺人兇手**！摧毀我家庭的殺人兇手！」忽然，一個憤怒的聲音響起。

桑代克等人回身一看，只見一個年輕人提着一個桶子走到雕像前。眾人未及反應，他已將桶內的液體朝雕像猛地潑去，說時遲那時快，「嘩啦」一聲響起，雕像已染滿了紅色。

默雷大吃一驚，馬上衝前喝問：「你幹甚麼？為甚麼要這樣做？」

「哼！他**誣衊**家父是逃兵，不配被歌頌成英雄！」年輕人激動地叫道。

「誣衊你父親？你父親是誰？」默雷赫然。

「陸軍少校多隆！」

「多隆……？」默雷呆了半晌，才懂得問，「你是他的兒子？」

「沒錯，我是他的兒子多巴！」年輕男人挺起胸膛說。

「啊……」

看到默雷動搖的眼神，桑代克想了想，就向多巴問道：「你說父親受到**誣害**，請問為何這樣說呢？」

「家父他一向以身為軍人為榮，絕不可能做出**叛國之事**。可是，只因為將軍一句說話，就把家父的**畢生榮耀盡毀**！」多巴氣憤難平地揮動着拳頭說。

默雷看着多巴緊握的拳頭，剎那間呆在當場，竟說不出話來。

「默雷先生，你沒事嗎？」桑代克問。

「我……我沒事。」默雷不敢正視桑代克，只好低下頭來應道。

桑代克**沉思片刻**，又向憤怒的年輕人問道：「多巴，我可以再問你一些問題嗎？」

「你是甚麼人？」多巴這時才察覺，自己正與一個陌生人說話。

「喂！小子，說話客氣一點好不？」一直在旁的猩仔終於**按捺不住**，插嘴道，「他是神探桑代克先生，也是我旗下一員猛將，在我的指揮下破解過無數謎題，連謀殺犯也抓過呢。」

「是嗎？原來是位偵探先生。」多巴說，「好，只要能證明家父的清白，我甚麼也會回答。」

「戰爭已過了5年，你為何現在才來為令尊平反呢？」桑代克問。

「因為，日前有一位名叫**鮑伯**的士兵來找我，他在戰場上親眼看着家父死去。」

「啊？竟有此事？」桑代克訝異，並往旁瞥了一眼，看到默雷額上冒出了**一滴冷汗**。

「鮑伯先生説，在開戰之前，他曾目擊將軍跟家父爭論，更看見他們兩人在樹叢裏消失了。」多巴繼續憶述，「他還説，不久之後，將軍就指控家父**投靠敵軍**，並指情況緊急，全軍必須馬上渡河一戰，阻止家父**泄漏軍機**。」

「泄漏軍機？」猩仔又忍不住插嘴道，「好像很嚴重呢！」

「是的，就是這樣，家父被當作叛國逃兵。但據鮑伯先生説，當時我軍與敵軍在人數上**非常懸殊**，正面對決的話，任誰看都是必敗之戰。結果，他看到衝在最前面的同伴一個又一個倒下，就只好逃進山林找掩護，但沒想到……」多巴**語帶哽咽**，「沒想到……在林中遇到了身受重傷的家父。」

「啊……」聽到這裏，猩仔和夏洛克都不禁緊張起來。

「家父……用最後一口氣告訴他，將軍才是背叛國家的人，他的罪證全都在這本日記之中！」多巴憤然掏出一個小本子，「這是將軍的日記，亦是我父親**用性命換來的證據**！」

「你的意思是，這本日記是鮑伯先生給你的嗎？」夏洛克問。

「沒錯！父親臨終時，把它交給了鮑伯先生。但渡河之戰已被軍中高層定性為將軍的英雄傳説，鮑伯先生生怕被捲入事件，故一直把秘密藏在心中。直至最近，他得知要為將軍樹立雕像，覺得**於心有愧**，才把隱瞞多年的秘密告訴我。」

「那本日記寫了甚麼？」默雷**戰戰兢兢**地問。

「據説家父還未來得及解釋就斷氣了，鮑伯先生和我都看不懂這日記的內容……」多巴充滿悲憤地説，「但鮑伯先生説他看到將軍的劍尖在戰鬥開始前已斷了，所以『斷劍傳説』只是**子虛烏有**的謊言。」

「那本日記，可以給我看看嗎？」桑代克問。

「好的。」多巴把日記遞上。

桑代克接過日記後，**從頭到尾**地翻看了一遍。猩仔與夏洛克好奇地湊過去問：「怎樣？寫了甚麼？」

　　桑代克指着翻開了的日記説：「前前後後都是一般日記的內容，只有這幾頁比較奇怪。例如，明明不是日記的第一頁，卻寫着P1，而且之後還有一連串**古怪的數字**。」

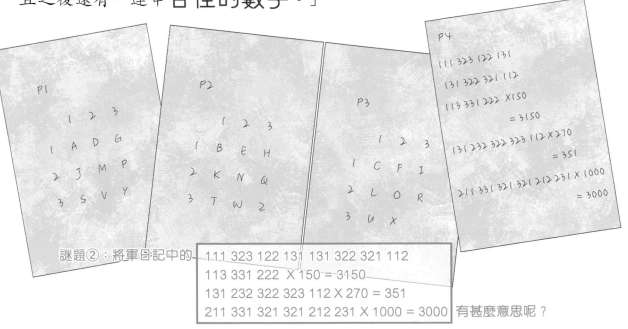

謎題②：將軍日記中的

111 323 122 131　131 322 321 112
113 331 222　X 150 = 3150
131 232 322 323 112 X 270 = 351
211 331 321 321 212 231 X 1000 = 3000　有甚麼意思呢？

　　「不過，P4有好幾組數字是重複的呢。」夏洛克説。

　　「很不錯，你留意到重點。」桑代克讚賞道。

　　「我也有留意到重點呀！」猩仔吵着逞強。

　　「甚麼重點？」

　　「P1至P3，剛好有A至Z所有英文字母。」

　　「這確實很重要。那麼你們明白兩者的關係嗎？」

　　「甚麼關係？」猩仔問。

　　「P4看來是暗號，而P1至P3應該是提供解碼的方法。」夏洛克搔搔頭説，「但我不知道怎樣解碼。」

　　「你不知道嗎？」猩仔想了想，馬上紮起馬步説，「看來，是出**拉屎功**的時候了！」

　　「不！千萬不要！」桑代克被嚇得慌忙制止，「我給你們一點提示吧。聽着，每3個數字為1組，每組代

表1個英文字母。此外，每組第1個英文字母，則跟頁數有關。」

夏洛克沉思了一會，忽然**眼前一亮**：「我知道了！第一行的意思是**ARMS SOLD**！」

「ARMS SOLD？不就是賣出軍火的意思嗎？」猩仔感到奇怪，「軍隊只會買軍火，為何會賣軍火呢？」

「我明白了！是**倒賣軍火**，這是將軍倒賣軍火的帳目！」夏洛克**一針見血**地指出。

「倒賣軍火……」多巴震驚萬分，「啊……難怪將軍要誣衊家父了。他一定是害怕家父揭發他的惡行，就把家父趕上絕路！」

「默雷先生，你當日也在現場，你有何看法？」桑代克看着**呆若木雞**的默雷，冷冷地問道。

「我……」默雷欲言又止。

「默雷先生，將軍的日記已說明了一切。請你務必說出真相，還家父一個清白！」多巴催逼。

默雷**沉吟半晌**，最後深深地歎了一口氣說：「事到如今，我已無法隱瞞了。沒錯，事發後，我找到了多隆的屍體，在他被利器刺中要害的傷口裏，發現一截劍尖……」

「啊！那不就是？」多巴驚訝地看了看默雷，又看了看雕像手握的斷劍。

「是的，那是將軍的劍尖。當日，當將軍戰死，敵軍退卻後，我在草叢中找到了多隆的屍體……」默雷把當日**歷歷在目**的情景道出。

「啊……！這……這不是**將軍的劍尖**嗎？」我赫然一驚，馬上把斷裂的劍尖拔出，想也不想就用力一扔，把它丟到草叢中去。

「原來……原來是將軍把多隆殺了！」我**懊惱萬分**地想，「日前多隆告訴我，說將軍可能倒賣軍火，我不肯相信，還把他訓斥了

一頓。要是……要是我聽他的，認真地去調查一下，就不會……」

「太過分了！將軍竟然把我的好友多隆殺了！我要把這事實**公諸於世**！」我看着多隆的屍體，氣得青筋暴現。

「不！」可是，我馬上又回復了冷靜，「我不能把將軍倒賣軍火的真相公開！他……他可是我的外父啊！我公開真相，必定會**牽連自己和妻兒**。」

「可是……我該怎辦？」我苦惱地沉思片刻後，終於得出一個結論，「**人死不能復生**，反正多隆和將軍都死了，秘密將永遠長眠地下。我不揭發，也不會有人知道。」

想到這裏，我脫下軍帽，向多隆的屍體深深地鞠了一個躬，然後就**黯然地離開**了。

聽完默雷的憶述後，眾人皆陷入沉默之中，**久久不能言語**。

「可是，我還有一點不明白的。」夏洛克打破沉默地問，「將軍雖然要除掉多隆，但怎會**貿然進軍**，令全軍覆沒呢？」

「這個嘛……」猩仔擦一擦鼻子，**成竹在胸**地插嘴道，「問我吧，我已猜到了。」

「甚麼？你猜到了？」夏洛克並不相信。

「嘿嘿嘿，這次不用使出拉屎功也找到答案了。」猩仔挺起胸膛，**中氣十足**地說，「聽着！將軍揮軍向敵人進擊，是想搶回一些軍火補充軍火庫。這樣的話，就不怕別人說他倒賣了。哇哈哈，這個推理**完美無缺**吧？不用稱讚我啊，我知道自己實在太厲害了！」

聞言，眾人幾乎同一時間都反了白眼。

夏洛克正想駁斥猩仔的歪理時，突然，「嗖」的一下，一個松果飛至，「啪」的一聲正好打在猩仔的額頭上。

「哇呀！好痛！」猩仔大叫。

「看來，連松鼠也認為你的推論不對呢。」夏洛克說。

「對了，默雷先生，你對此有何看法？」桑代克問。

「我嗎？我估計，將軍是**老羞成怒**，為了追殺多隆而一時失去理性吧。」默雷沒有信心地猜測。

「是嗎？」桑代克沉思片刻，「依我看，將軍的做法可能與『**樹葉藏於森林**』一樣呢。」

「『樹葉藏於森林』？甚麼意思？」多巴問。

「意思就是——」桑代克一頓，眼底閃過一下**寒光**，「將軍可能為了掩飾自己刺殺部下的真相，企圖在當日的叢林中堆起一座**屍體之山**！」

「啊……」默雷想了想，馬上明白了，「你是指將軍他……他想利用其他屍體來掩蓋多隆死亡的真相！」

「那……那傢伙簡直**毫無人性**！」多巴憤怒地罵道，「竟然為了隱瞞真相，犧牲這麼多部下的性命！」

「且慢。」桑代克連忙補充，「我只是說可能而已，真相已隨着將軍的戰死而**長眠地下**，我們已無法知悉了。」

「不管真相如何，將軍確是害死了多隆和一眾部下。」默雷毅然決然地向多巴說，「為了挽回令尊的名譽，讓我把日記上的密碼**公諸於世**吧。相信這樣做的話，這個雕像很快就會被**世人唾棄**了。」

「是嗎？謝謝你！」多巴激動地道謝。

「喂！」突然，猩仔不滿地嚷道，「我呢？也該向我道謝啊。全靠我和新丁3號，才能解開日記上的密碼啊！」

猩仔話音剛落，突然「嗖」的一下又飛來一個松果，又「啪」的一聲打在猩仔的額頭上。

「哇！好痛呀！」猩仔慘叫。

眾人抬頭看去，只見幾隻小松鼠看着猩仔在「吱吱」叫。

「哈哈哈！你的**廢話說得太多**了，連松鼠也看不過眼呢！」大家都不禁笑了。

解謎篇

謎題①

松鼠位置如圖所示。

謎題②

P4每3個數字代表1個英文字，而解密方法，則須要對比P1至P3。

例如113，代表P1、橫1、直3，即G。331則代表P3、橫3、直1，即U。

P4全頁解密如下：
ARMS SOLD
GUN　X 150　= 3150
SWORD X 270 = 351
BULLET X 1000 = 3000

後面的數字只代表銷售數字和價錢，並不須要解密。

活動資訊站

大偵探福爾摩斯 朗讀劇比賽 2022 頒獎盛況！

主辦：香港教育城、正文社
協辦：行政長官卓越教學獎
教師協會、觀塘劇團

為培養學生的閱讀能力與表達技巧，增進親子關係，2022 年再度舉辦比賽，並於 11 月 26 日舉行頒獎禮。一眾評審從多位參賽者中選出優秀作品，現在就一睹得獎結果！

「朗讀之星」親子大獎

獎項	學生
冠軍	黃心祈
亞軍	鄧穎恩
	古日信
優異獎	So Hoi Shun
	Chan Yau Shun

「朗讀之星」學生大獎

獎項	學校	學生
冠軍	將軍澳天主教小學	孫子喬
亞軍	聖公會仁立紀念小學	陳晞旼
季軍	太古小學	謝振鋒
優異獎	香港培正小學	楊曉悅
	中西區聖安多尼學校	李智善
	滬江小學	李栢熹
	寶血會思源學校	鄒卓堯
	保良局田家炳小學	楊浧蕎
評審團特別獎	香港耀能協會羅怡基紀念學校	許慶軒

積極參與學校獎

獎項	學校
冠軍	匡智翠林晨崗學校
亞軍	香港耀能協會羅怡基紀念學校
季軍	沙頭角中心小學

大家可到 YouTube 搜索「大偵探福爾摩斯」觀看得獎者的朗讀影片！

> 你要堆沙城堡嗎?

> 不,我要做電池。

在日常生活中,大家常會使用乾電池和鋰電池,但它們其實包含有害的化學物質,製造過程也造成碳排放。去年 7 月,芬蘭的極地夜能源公司 (Polar Night Energy) 開發出一種以廉價的沙為媒介的儲能系統,有望以此減低對環境的損害。

沙電池運作原理

絕熱鋼罐

4 米

沙

7 米

電力啟動發熱器,加熱沙子。

熱交換器

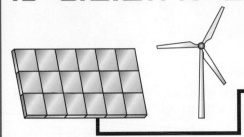

1 冬天前,利用太陽能、風能等可再生能源發電。

2 把電力轉換為熱能,將絕熱鋼罐內的沙子加熱至攝氏 500 至 600 度。由於沙子是良好的儲熱媒介,能保持同樣溫度長達數個月。

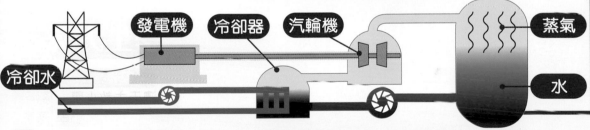

發電機　冷卻器　汽輪機　蒸氣

冷卻水　水

3 冬天時,打開儲能裝置,利用當中的熱力把水加熱成水蒸氣以推動汽輪機,因而帶動發電機,產生電力。

沙子的優勢

沙是固體,比水、熔鹽等流體更能阻隔裝置中心的熱力流失。另外,沙子受熱溫度可達 500 至 1000 度,能夠儲存較多熱能。

為何要儲電?

芬蘭一直致力使用可再生能源。只是,由於該國位於高緯度地區,冬天時長達數週沒有日照,難以利用太陽能。另外,風能亦較不穩定,某些時候能提供充足有餘的電力,但這些多餘電力只會白白流失。若能將那些電力儲存至冬天才使用,就能更有效地運用能源。

淨進口 20%
核能 30%
其他 4%
燃煤 4%
生質燃料 12%
風力 14%
水力 16%
可再生能源

2022 年芬蘭電力結構圖

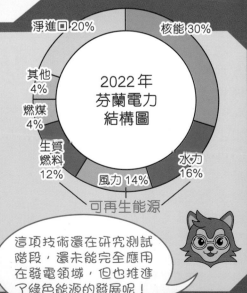

> 這項技術還在研究測試階段,還未能完全應用在發電領域,但也推進了綠色能源的發展呢!

洋流哪裏去？
表層洋流 與 黑潮

> 我在海邊拾到一個瓶子，裏面有張紙，但我不知寫了甚麼。

> 那是菲律賓文。

> 說「隨海飄流」。

> 竟從那麼遠的地方飄過來？怎做到的？

> 靠的就是洋流啊。

　　洋流是一種大型海水運動，令巨量海水從一處流至另一處。雖難以觀察，但其威力極大，不只為海中的動植物提供養分和移動捷徑，甚至能影響世界氣候。一般來說，大型洋流可分成表層與深層，現在先了解一下表層吧！

🌏 表層洋流

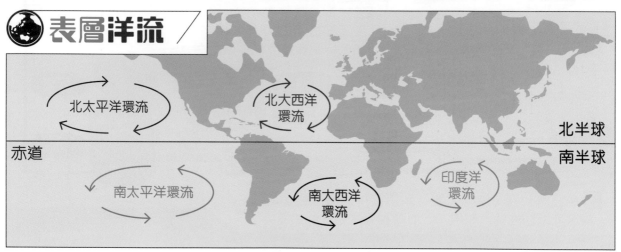

北太平洋環流

北大西洋環流

赤道

北半球

南半球

南太平洋環流

南大西洋環流

印度洋環流

　　這種洋流的形成源於風吹過海面，影響海面至 400 米水深的海水流動。如上圖所見，全球主要有五個海洋環流。表層洋流一般與全球盛行風帶有密切關聯，例如北大西洋環流就是受信風帶影響。

* 有關信風帶的知識，可參閱第 205 期的「地球揭秘」。

南北半球環流方向相反？

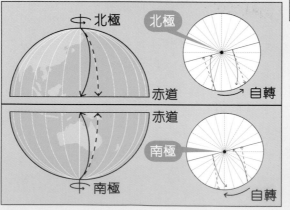

北極
北極
赤道
自轉

赤道
南極
南極
自轉

—— 真實路徑
----- 地球不自轉的路徑

　　從左圖顯示，北半球的環流呈順時針流動，而南半球的則循逆時針旋轉。因地球是逆時鐘自轉，使風移動的路徑有所偏向，令北半球的洋流傾右，南半球的偏左，此稱科氏效應。

那瓶子該是跟隨一條叫黑潮的洋流來到這裏的。

它的流速快，而且溫度與鹽度都較高。

黑潮？難道它是黑色的？

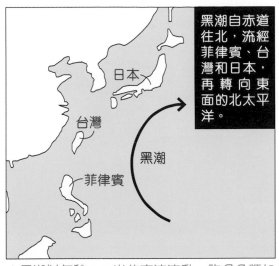
黑潮自赤道往北，流經菲律賓、台灣和日本，再轉向東面的北太平洋。

日本

台灣

菲律賓

黑潮

▲黑潮以每秒 1.5 米的高速流動，許多魚類如鰹魚、飛魚等為了覓食、繁殖或過冬，都利用這條「高速公路」作大規模遷徙。故此，該範圍的漁產非常豐富。

為甚麼叫黑潮？

　　由於黑潮遠離陸地，所以不受陸地物質影響，令海面的懸浮物質較稀少。當陽光照射海面時，大多被海水吸收，只有部分波長較短的藍光被反射，呈現較暗的深藍色，因而得名「黑潮」。

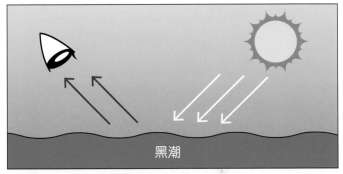

黑潮

▲白色的陽光由不同顏色的光組成。

黑潮發電？

　　黑潮流速快，水流穩定，是絕佳的可再生能源。因此鄰近黑潮的日本和台灣均想以此發電，但鑑於建造成本高昂和技術問題，計劃仍處於測試階段。

▶黑潮的水流能驅動發電器的扇葉旋轉，從而產生電力。

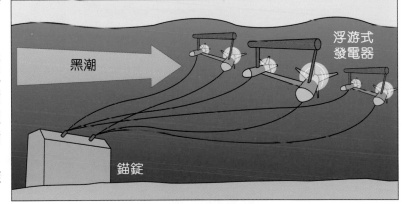

黑潮

浮游式發電器

錨錠

趣聞 隨洋流環遊世界的玩具隊伍

　　1992 年，一艘貨輪從香港出發，準備橫渡太平洋前往美國，豈料中途遇上風暴，令多個貨櫃掉到海中。其中一個貨櫃裝有 2 萬多隻黃色小鴨子、藍色海龜等塑膠浴缸玩具，它們都因櫃身破損而「跑」到海面。

　　此後那些「小動物」隨洋流漂盪十多年，有些到達日本，有些則南下澳洲，有些更往北隨浮冰移動而通過北極，進入北大西洋，最後在冰島、英國等地登陸。

　　海洋學家展開多年的追蹤觀察，藉此研究洋流的流動模式。

讀者天地

大家喜歡第 211 期發出夜光的結晶嗎?

趙頌恩

*給編輯部的話

希望刊登

讀評分! (1~10)

請問如果一個人整容了，人臉識別可不可以識別到呢?

 若果整容後，臉部與整容前差異的地方太多，電腦就不能識別了！另外，你畫得我很美呢，給你 10 分！

李穎彤

*給編輯部的話

裏賣壞

今期的科學 Q&A 很好看，很喜歡裏面的畫家好壞咧！

想登啊

哼！這不叫壞，這叫有生意頭腦。沒有生意頭腦，怎麼賺錢?

分明在狡辯！否則你怎會被抓?

黃凝

*給編輯部的話 希望解答

我的結晶放了2天晶種才長出晶體，而晶種上的的晶簇也很少，而且因為天氣熱，水蒸發了，結晶快露出來了，那我要怎樣做?

結晶長出時間較久及晶簇很少，都可能因為最初水不夠熱或攪拌次數不足，使結晶粉未完全溶解。另外，水的蒸發是正常的，即使晶體露出來，浸在溶液中的部分仍會繼續結晶。

電子信箱問卷

陳心筵 很喜歡翼龍水上飛的文章，讚！

馬詩嵐 這次的實驗材料十分有趣！可以像種植物一樣培養。Mr.A 終於被宇宙巡邏隊捉進監獄了。

IQ 挑戰站答案

Q1 排列方法如圖所示:

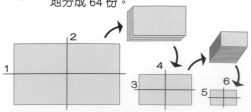

Q2 若每切兩刀後就把薄餅疊在一起再切，最少要切 6 刀才能把薄餅均等地分成 64 份。

Q3 最少秤 2 次找出裝有徽章的盒子。
隨意把 8 個盒分成 2 組，A 組有 2 個盒，B 組有 6 個盒。先把 B 組再隨意分成兩組，每邊 3 個盒分別放在天平的兩側。接下來會出現 2 種情況:

情況 1

若天平呈平衡，代表徽章在 A 組其中一個盒中。

把 A 組的兩個盒分別放到天平上，較重的那個就裝有徽章。

情況 2

若天平不平衡，代表徽章在較重那邊的三個盒中。

從較重那三個盒中，隨意取兩個放上天平兩側。若天平不平衡，較重那邊就裝有徽章。若天平平衡，那沒秤重的盒子裝有徽章。

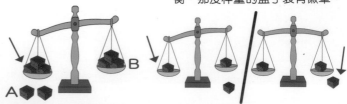

紫外線殺菌燈有壞處？

WIPER ASSEMBLY

LAMP ASSEMBLY

室內環境較易滋生病菌，人們或會使用可照射 UVC 的紫外線燈來消毒，減低感染疾病的機會。不過，科學家以電腦模擬，卻發現這種消毒方法也有害處，人們只能兩害相權取其輕。

Photo Credit: "Cutaway model of UV disinfection unit used in NEWater water treatment plants.jpg" by Z22/CC BY SA

UVC 是甚麼？它如何消毒？

科學家按照波長，將紫外線細分為 UVA、UVB 及 UVC 三種，當中以 UVC 的能量最高。細菌或病毒長期受 UVC 照射，當中的 DNA 便會不斷被破壞，最終不能修復，其機能被阻礙，因而不能致病，達至消毒效果。

◀ 若照射時間不長，細菌或病毒的 DNA 雖受破壞，但仍可復原。

▶ 若照射時間夠長，而且能量夠大，復原速度就趕不上受破壞的速度。

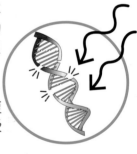

紫外線引起的「副作用」

不過，研究發現紫外線也會引起一連串的化學反應：

自由基

水

氧氣

臭氧

❶ 紫外線令水分及氧氣分別變成自由基及臭氧。

醛、過氧化物

這些有害物質若數量太多會增加患上呼吸道疾病的風險。

❷ 自由基及臭氧促使空氣中的有機化合物變成醛、過氧化物等有害物質。雖然這些有害物質的濃度頗低，但若室內通風不足，便會不斷累積，其害處不容忽視。

開心禮物屋 兔年迎新歲

參加辦法

在問卷寫上給編輯部的話、提出科學疑難、填妥選擇的禮物代表字母並寄回，便有機會得獎。

聖誕過後，來到新年，大家有善用這些假期嗎？

A 科技裝置組合 航空飛機 1名

利用方塊和齒輪，組合屬於你的飛機！

B LEGO® Creator 31121 鱷魚 1名

附有關節的鱷魚、青蛙或蛇隨你拼砌！

C 小工程師系列 機械手 1名

組裝及控制機械手，學習機械原理。

D 柯南科學常識檔案 植物的秘密 & 動物的秘密 1名

柯南為你解開植物和動物的秘密。

E 大偵探筆袋 1名

福爾摩斯陪你上學及溫習。

F Samba Family 中英對照漫畫 ③ & ④ 1名

看可愛的森巴漫畫，同時學習英文。

G 機動戰士 GUNDAM 紅渣古模型 1名

帥氣的可動模型，極具收藏價值。

H STAR WAR 合金頭盔 + 黑武士模型 1名

兩個角色頭盔及精美模型，星戰迷不要錯過！

I 大偵探福爾摩斯 交通工具圖鑑 1名

收錄各種交通工具的歷史和資料。

★ 第 211 期得獎名單 ★

	禮物	得獎者
A	LEGO® Creator 31130 沉沒的寶藏任務	蔡頌謙
B	Play Pop 迷宮	庄耀翔
C	小說 名偵探柯南 電影版 ① & ②	蕭朗晞
D	魔雪奇緣 II 魔雪鏡盒	何芊穎
E	大偵探福爾摩斯 數學遊戲卡	宋嘉萱
F	蘇菲的奇幻之航③ & ④	Stephanie Poon
G	香蕉玩具 3 件組	陳逸朗
H	大偵探福爾摩斯 立體口罩 (10 個)	吳嘉欣
I	nanoblock cat breed	陳皓一、巫淼澄

規則

截止日期：1月31日
公佈日期：3月1日（第 215 期）

★ 問卷影印本無效。
★ 得獎者將另獲通知領獎事宜。
★ 實際禮物款式可能與本頁所示有別。
★ 匯識教育公司員工及其家屬均不能參加，以示公允。
★ 如有任何爭議，本刊保留最終決定權。
★ 本刊有權要求得獎者親臨編輯部拍攝領獎照片作刊登用途，如拒絕拍攝則作棄權論。

第 209 期 得獎者

46

大偵探福爾摩斯
紅酒莊的走私犯

數學偵緝室

夜幕低垂，小兔子為福爾摩斯送信到蘇格蘭場後，拖着疲累的步伐回到了貝格街。

突然，「哎呀」一聲悲鳴傳來，把小兔子**嚇了一跳**。他慌忙往聲音來處看去，只見一個步履蹣跚的醉漢罵道：「走路不帶眼睛，找死嗎？」

「哎喲……」這時，小兔子才發現一個老婦倒在醉漢腳下，看來，她是被那醉漢**撞倒**了。

「呸！滾開，別妨礙老子回家！」醉漢在老婦身邊走過時，還狠狠地吐了一口口水。

「**豈有此理**！竟然欺負老人家，你別走！」小兔子大聲喝罵。但醉漢好像沒聽到似的，已左搖右擺地**不顧而去**了。

「婆婆，你沒事嗎？」小兔子奔前扶起老婦。幸好，老婦看來沒有大礙，她向小兔子道謝後就離去了。

「那個醉酒鬼太可惡了，必須**教訓**一下！」小兔子想到這裏，就立即往醉漢追去。很快，他就追上了醉漢。

「嘿！」小兔子狡猾地一笑，悄悄地走到醉漢後面**妙手一伸**，然後吹着口哨從醉漢身旁走過，**若無其事**地直往街角走去。

「哈！」小兔子轉入一條橫巷後，馬上從口袋中掏出一個錢包，開心地自言自語，「那個傻瓜，被我**扒了錢包**還不知道呢。」

可是，當他興奮地打開錢包後，卻呆住了：「唔？怎麼……**空空如也**，一分錢也沒有？」

「不會吧？難道都花在喝酒上了？」小兔子不忿地用力揮動錢包，真的半個零錢也甩不出來，卻「啪」的一聲，甩出了一張折着的**紙片**。

「這是？」小兔子拿起紙片，正要細看之際——

「**抓到你了！小扒手！**」

「束手就擒吧！」

突然，兩個罵聲響起，嚇得小兔子整個人彈了起來。

「嚇死我！還以為撞到鬼，原來是你們。」小兔子發現站在眼前是福爾摩斯和華生，才鬆了一口氣，「不要突然竄出來嚇人好嗎？」

「別扯開話題。」福爾摩斯伸出手掌，「剛才扒了人家的錢包吧？偷了多少錢？**從實招來**。」

「那不是偷，是**教訓**，我要他嘗嘗欺負老人家的後果罷了。但可惜的是，那醉酒鬼比我還窮，錢包裏竟然連一毛錢也沒有，只有這張爛紙。」說着，小兔子把錢包和紙片遞上。福爾摩斯翻了翻錢包，果然沒錢。接着，他又打開紙片看了看，忽然眉頭一皺。

「怎麼了？」華生問。

「紙上寫着一些**英文字母**和**數字**，有點可疑。」福爾摩斯説。

「可疑？」小兔子好奇地問，「甚麼地方可疑？」

「紙上的字母和數字顯示，那醉酒鬼很可能參與了**犯罪活動**。」大偵探指着紙片説。

「犯罪活動？」小兔子聽到『犯罪』便興奮起來，「是甚麼犯罪？殺人還是打劫？」説完，他和華生湊過頭去看，只見紙片上寫着——

在一個月內，
Sm 200 L「B」= 25s
Sm 400 L「B」= 40s
Sm 201～399 L「B」= 按正比例計算報酬
在月尾最後一次送貨時付現金。

「看來只是幾條**算式**罷了。」華生搖搖頭説，「我看不出與犯罪有何關係啊。」

「這麼明顯也看不出嗎？是**走私**呀。」福爾摩斯一語道破，並解釋道，「這是張走私的報酬計算表，『Sm』是 Smuggling（走私）的簡寫，『L』是 Liter（公升）的意思，酒樽『B』代表 Brandy（白蘭地），而數字後的小楷『s』則代表金額 shilling（先令）。看來，是走私集團寫給那醉酒鬼的。」

「原來如此！」華生**恍然大悟**，「那麼，按照你的解讀，紙片上的暗號就是這個意思了。」説着，他掏出紙筆，把紙上的內容「**翻譯**」下來。

在一個月內，
走私 200 公升白蘭地，可得 25 先令。
走私 400 公升白蘭地，可得 40 先令。
走私 201 至 399 公升白蘭地，按正比例計算報酬。
在月尾最後一次送貨時付現金。

「『酒私』是甚麼?」小兔子問。

「你連這個也不知道嗎?」福爾摩斯沒好氣地說,「走私是指**非法**進口外國商品。近百年來,茶葉和白蘭地的走私都十分**猖獗**。」

「非法?怎會?」小兔子感到錯愕,「倫敦到處都有售賣外國茶葉和白蘭地呀!」

華生搖搖頭,說:「違法的不是商品本身,而是『**進貨的途徑**』。根據法規,從外國輸入茶葉或白蘭地都必須經過海關檢查,並且按量繳付稅金,才能合法在英國銷售。可是,不法商人為了逃稅,便會繞過海關把貨物偷運入境,再分發到散貨點,這便是走私。而走私進口的含酒精飲品就叫作『**私酒**』。」

「對,政府嚴打走私,連負責帶貨的小嘍囉也絕不姑息。」大偵探補充道,「因此,走私集團要出高額報酬,才能請到人**以身犯險**。」

「我明白了!那個醉酒鬼就是負責帶貨的走私犯!」小兔子**磨拳擦掌**地說,「太好了,我們快去抓他吧!」

「別急,先要查清楚那酒鬼的**身份**才行呀。」

「嘿!他的身份嗎?」小兔子指着自己鼻子說,「不用去查了,問老子吧!」

「你知道他是誰嗎?」福爾摩斯訝異。

「當然囉!」小兔子**自命不凡**地說,「我可是人面廣闊的少年偵探隊隊長啊!在這附近出沒的人我哪有不認識的?那酒鬼叫**波爾多**,是郊外博納紅酒酒莊的**馬車夫**,每星期都有幾天駕着馬車去送貨,把酒莊的酒送到倫敦各處去。那傢伙喝醉後就會亂罵人,不少街童都認得他的臭臉!」

「很好!」福爾摩斯說,「我明天去酒莊調查一下,看看波爾多是否真的涉及走私吧。」

「我沒聽錯吧?你真的要去調查嗎?此案沒有半毛錢報酬的啊。」華生趁機挖苦一下一向**見錢開眼**的老搭檔。

「哎呀,我怎會對罪惡**視而不見**啊。」

「你不是一向認為『捉賊是蘇格蘭場的工作』嗎?」

「嘿嘿嘿,捉賊確實是蘇格蘭場的工作,我有說錯嗎?」福爾摩斯冷笑,「不過,有時也要**賣個人情**給蘇格蘭場的孖寶幹探,以備不時之需啊。」

「甚麼意思?」

被冷落

「只要我把走私案的情報告之，助他們破案立功，就等於賣了一個人情，在適當時候，就可以叫他們還啦。」福爾摩斯說到這裏，忽然壓低嗓子說，「況且，我早前收到消息，指 **M博士** 已涉足倫敦的走私勾當，這次調查正好順便搜集一下情報呢。」

「啊……」華生頓然醒悟，這才知道老搭檔**無寶不落**，原來這次插手調查另有目的。

「喂！可以關注一下我嗎？」被**冷落**在旁的小兔子鼓起腮子說，「這案子是我帶來的啊，我呢？我沒有任務嗎？」

「你嗎？當然有，隨時候命吧。」福爾摩斯笑道。

福爾摩斯第二天一早出門，到了黃昏日落才**風塵僕僕**地回到家中。

「去過酒莊了嗎？情況怎樣？」華生剛好出診回來，連忙問道。

「去過了。」福爾摩斯說，「酒莊的老闆叫博納，我道明來意後，他大吃一驚，並估計波爾多一定是利用送貨之便，為走私集團偷運私酒。」

「那麼，他會協助調查嗎？」

福爾摩斯狡黠地一笑：「我看見他那麼慌張，當然**順水推舟**，說必須快點搜集證據，以免警方以為他的酒莊有份參與走私啦。」

「你的意思是，叫他……？」華生雖然已猜到十之八九，也禁不住問。

「哈哈哈，你猜到了吧？哪用叫，他自己已馬上表示要邀我調查，並會以厚酬相謝呢。」福爾摩斯說着，從懷中掏出幾張紙繼續道，「這是從他那兒借來的**送貨表**，上面寫着每個地點的送貨量、地址和時間。我們只要進行**跟蹤**，逐一核對卸貨量與酒莊的出貨量是否有出入，就能掌握證據了。」

「你實在太厲害了。」華生佩服地說，「這次不但可以賣個人情給蘇格蘭場的狐寶幹探，還可大賺一筆調查費，簡直就是**一箭雙鵰**啊！」

經過多日的跟蹤後，終於來到了月尾，福爾摩斯和華生在一街角**埋伏**，等待波爾多的出現。

「根據整個月的統計，波爾多偷運的私酒已超過**200升**。」福爾摩斯一邊監視着不遠處的酒吧，一邊低聲說，「今天是波爾多本月最後一次送貨，如果那張**密碼報酬表**屬實，今天就會有人付錢給他。」

大偵探的話音剛落，一輛送貨馬車已開到在酒吧門前停下。

「啊！他來了！」華生緊張地說。

跟往常一樣，波爾多這次搬進酒吧的酒桶也比送貨表上的多。當他搬運完畢從酒吧出來時，一個男人神神秘秘地走近，悄悄地把一個**小袋子**塞進他手中。

波爾多接過袋子，警覺地看了看四周，確認沒人注意他後，就開心地哼着歌，跳上了馬車。

「看來，那個小袋子裏的應該就是**報酬**了。」華生說。

「接下來按計劃行事，讓我們的小演員來演一齣**好戲**吧。」福爾摩斯狡點地一笑，然後使勁地吹了一下口哨。

同一剎那，幾個小孩突然從街角奔出，攔在正想開動的馬車前面。他們不是別人，正是我們熟悉的少年偵探隊。

「哈哈哈！」

「捉到你了！換你當鬼！」

「可惡！」

他們在馬車前面**跑來跑去**，阻止了馬車的前進。但奇怪的是，我們的小兔子隊長卻並未現身。

「你們這班小屁孩！」憤怒的波爾多跳下馬車，高舉拳頭**大罵**，「想被車撞死嗎？快滾！不然揍你們一頓！」

這時，小兔子突然從馬車旁邊竄出，他輕輕地往波爾多一碰，就**扒走**了那個袋子，然後**一溜煙**似的逃進一條窄巷中。

「哇！扒手呀！抓住他！」波爾多**氣急敗壞**地大叫，「那小子搶走我的錢袋呀！抓住他！」

少年偵探隊一眾成員見狀，立即**一擁而上**，圍住波爾多亂叫亂跳，阻礙

了他的追趕。在小巷中，小兔子趁機迅速數了數袋中的錢，然後高聲大喊：「哇！發財啦！有 **28 先令**！」

福爾摩斯和華生看見一切順利，就跑進小巷中假裝抓住了小兔子，把他押到波爾多的面前。

「放開我！放開我！」小兔子演戲演全套，當然大叫大嚷地掙扎。

「小扒手！吵甚麼！快把錢袋拿出來！」福爾摩斯**裝模作樣**地屬聲喝道。

「哼！今天算我倒霉！」小兔子把錢袋往地上一扔，一個轉身甩開二人，邊扮着鬼臉邊跑走了。少年偵探隊見狀，也隨即**一哄而散**。

「哎呀，太感謝兩位了。」波爾多鬆了一口氣，撿起錢袋向福爾摩斯兩人連聲道謝，「幸好有你們**仗義幫忙**，我的錢袋才能**失而復得**。」

「先生，不必客氣。」華生笑道，「只是**舉手之勞**罷了。」

「唔？先生，你的臉色不太好呢，不如一起去附近的酒吧坐坐，定一定驚吧？」福爾摩斯用關心的口吻提議道。

「好、好！我也該請兩位喝一杯，以表謝意。」

三人在酒吧各自點了一杯酒，屁股還沒坐暖，福爾摩斯就毫不客氣地切入正題，說：「你應該認得這兩件東西吧？」說着，他施施然地把小兔子在一個月前扒走的**錢包**和**報酬表**放在桌上。

「啊！」波爾多恍如遭到雷擊似的，頓時全身顫動了一下。

「我們已跟蹤你一個月，知道你在這個月走私了 **240 升**白蘭地。」華生說。

「根據走私集團的這張報酬表顯示，你今天已按比例獲得報酬，而你收到的錢袋中恰好有 **28 先令**。」福爾摩斯指着波爾多屬聲指控，「那就是你參與走私的罪證！」

「別……別**含血噴人**……」波爾多的眼珠子**游移不定**，吞吞吐吐地反駁，「這……這個錢包和紙條都不是我的。」

「還想狡辯嗎？那麼，你怎樣解釋袋子中的 28 先令？這個數字跟報酬表上的計算正好**一樣**呀。」福爾摩斯冷冷地問。

波爾波盯着報酬表看了一會，突然，他好像發現甚麼似的，**理直氣壯**地反駁道：「那 28 先令只是人家還給我的錢罷了，根本不是甚麼證物。若按照報酬表上的算法，我手上應該有 **30 先令**或 **24 先令**才對，又怎會是 28 先令呢？不信的話，我算給你們看。」

說着，他當場筆算一次以作證明。

嘿，按照那張所謂的「報酬表」計算，走私滿 200 升，可得 25 先令；走私滿 400 升，可得 40 先令。倘若我只走私了 240 升，報酬就按**正比例**計算。

那麼，當中的「正比例」是多少呢？答案只有 2 個可能呀！算式就是——

走私量（升） ÷ 酬金 = 比例

以下假設實收報酬為 x 先令：

【答案 Ⓐ】

走私滿 200 升，可得 25 先令，以此代入算式「走私量（升） ÷ 酬金 = 比例」便可寫成 $200 \div 25 = 8$，所以這情況的比例是 8。

再把實際的走私量 240 升代入以上算式，便可寫成：

$$240 \div x = 8$$
$$x = 240 \div 8$$
$$x = 30$$

因此報酬可能是 30 先令。

【答案 Ⓑ】

走私滿 400 升，可得 40 先令，以此代入算式「走私量（升） ÷ 酬金 = 比例」便可寫成 $400 \div 40 = 10$ 所以這情況的比例是 10。

再把實際的走私量 240 升代入以上算式，便可寫成：

$$240 \div x = 10$$
$$x = 240 \div 10$$
$$x = 24$$

因此報酬也可能是 24 先令。

「怎樣？我沒算錯吧？」波爾多把下巴抬得高高的，**囂張**地反問。

「這種程度的小聰明，在我面前可不管用啊。」福爾摩斯冷冷地一笑，然後在波爾多的兩道筆算上打了一個**大交叉**，並寫上自己的算式，馬上就得出 28 先令的答案。

你知道福爾摩斯是怎樣計算到報酬是 28 先令嗎？答案在 p.54。

波爾多眼睜睜地看着大偵探的算式，已被嚇得臉色煞白，**啞口無言**了。

「我早已把相關的證據通知了蘇格蘭場的警探，他們馬上就會來拘捕你。」福爾摩斯狠狠地盯着波爾多說，「如果你坦白**自首**，供出走私集團的幕後主腦，相信可**將功贖罪**，法官會對你**從輕發落**。」

波爾多**垂頭喪氣**地點點頭，供出了安排他走私的接頭人。

一星期後，博納匯了一筆錢到福爾摩斯户口，更寄來一箱**紅酒**和**道謝信**。

華生連忙開酒慶祝，開心地為福爾摩斯倒了一杯紅酒，說：「除了報酬外，還有免費酒喝，這次真是賺了！」

「可惜的是，接頭人不肯供出幕後主腦，還未找到 **M 博士** 參與的線索。」福爾摩斯接過紅酒喝了一口，**心有不甘**地說。

就在這時，大門「**砰**」的一聲被踢開，小兔子闖進來大聲問：「剛剛郵差送了一箱東西上來，那是甚麼？」

「是酒莊老闆送來的**謝禮**。」華生答道。

「很可惜，沒你的份兒呢。」福爾摩斯戲謔地看了看桌上的酒瓶說，「那是**兒童不宜**的謝禮。」

「兒童不宜？」小兔子並沒理會，一手就奪過紅酒。

「喂！那不是讓小孩喝的！」福爾摩斯喝止。

「哼！別欺負小孩！你能喝，我怎會不可以喝！」小兔子説着，就舉起酒瓶，大口大口地喝了幾口。

「小兔子，**不要喝**呀！」華生大驚。

「哈！味道不錯呢。我有份破案，怎可以不喝。」小兔子再**咕嚕咕嚕**地又灌了幾口。

福爾摩斯正想奪回酒瓶再罵時，只見小兔子雙頰已變得通紅，更腳步浮浮地**左搖右擺**。最後，他終於「咚」一聲醉倒在地上，**不省人事**了。

答案

根據走私集團的報酬表，走私滿 200 升，可得 25 先令，而當走私量增加 200 升，變成 400 升時，對應的報酬就會增加 15 先令，變成 40 先令。這個增幅變化，可整理成右邊的表格：

走私量	報酬
200 升	25 先令
400 升	40 先令
增加了 200 升	增加了 15 先令

而波爾多的走私量是 240 升，增幅只有 240 升 - 200 升 = 40 升，這情況又可整理成下表：

	走私量	報酬
本來的情況	增加了 200 升（200 → 400）	增加了 15 先令（25 → 40）
波爾多的情況	增加了 40 升（200 → 240）	增加了？先令

「走私量的增幅」與「報酬的增幅」兩者的比例應該相同。我們可用「分數」去思考這個問題，即是「走私量增加了幾分之幾？」與「報酬增加了幾分之幾？」的答案相同。

波爾多的走私量是 240 升，增幅為 240 升 - 200 升 = 40 升，而 40 是 200 的 5 分之 1，可用分數算式寫出來：

$$\frac{240\text{-}200}{200} = \frac{40}{200} = \frac{1}{5}$$

既然走私量的增幅是 200 的 5 分之 1，那麼報酬的增幅也該同樣是 15 的 5 分之 1，寫成算式就是 15÷5=3。因此，當波爾多的走私量是 200+40=240 升時，報酬就是 25+3=28 先令了。

常駐太空人營運

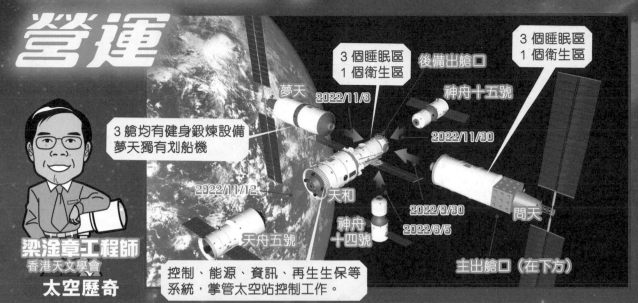

3 個睡眠區
1 個衛生區

夢天 2022/11/3

後備出艙口

神舟十五號
2022/11/30

3 個睡眠區
1 個衛生區

3 艙均有健身鍛煉設備
夢天獨有划船機

2022/11/12

天和

神舟
十四號

2022/9/30
2022/6/5

問天

天舟五號

主出艙口（在下方）

梁淦章工程師
香港天文學會
太空歷奇

控制、能源、資訊、再生生保等
系統，掌管太空站控制工作。

2022 年 11 月 3 日，天和、問天和夢天 3 艙組合成「T」字構型，代表中國太空站正式完成組建。其後在 11 月 30 日，「神舟十五號」中的 3 名太空人進駐「天宮」，與神舟十四號的 3 名太空人匯合，完成每 6 個月兩組太空人在軌換更。換更期間，太空站構成 3 艙 3 船的龐大組合體，可容納 6 名太空人同時在軌作息一星期。自此太空人能全天候常駐太空站進行維護和實驗工作。

中國太空站已在軌的應用系統實驗櫃一覽表

太空站內「問天」和「夢天」均設有實驗艙，以進行各種太空實驗。「問天」的研究方向為生命科學和生物技術（動物、植物、微生物），「夢天」則主力研究微重力科學、流體物理、材料科學和超冷原子物理。

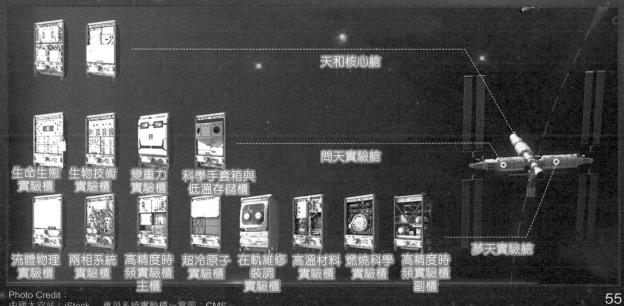

天和核心艙

問天實驗艙

生命生態
實驗櫃

生物技術
實驗櫃

變重力
實驗櫃

科學手套箱與
低溫存儲櫃

夢天實驗艙

流體物理
實驗櫃

兩相系統
實驗櫃

高精度時
頻實驗櫃
主櫃

超冷原子
實驗櫃

在軌維修
裝調
實驗櫃

高溫材料
實驗櫃

燃燒科學
實驗櫃

高精度時
頻實驗櫃
副櫃

Photo Credit：
中國太空站：iStock　應用系統實驗櫃一覽圖：CMS

全天候開展太空科學與應用實驗

　　「問天」和「夢天」實驗艙分成艙內和艙外兩類環境進行實驗。艙內又分密封和非密封，針對微重力的實驗；艙外是真空，針對暴露在宇宙輻射環境的實驗。讓我們先了解兩個實驗艙的內外結構如何幫助科學家進行實驗。

▶「問天」複製了整套控制、能源、資訊、再生生保系統。在必要時，「問天」可取代「天和」全面接管太空站的控制，保障乘員安全。

「問天」實驗艙

睡眠區的舷窗 x3

通訊天線

轉位至側向永久停泊口的短機械臂

5 米機械臂

資源艙

艙外實驗品

艙外載荷架

工作艙

機械臂駐錨點

通往工作艙的氣閘艙門

氣閘艙
（出艙口在下方）

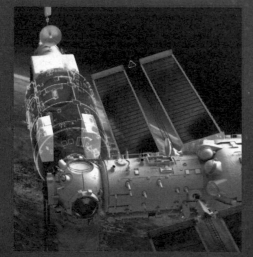

▲工作艙有 8 個實驗櫃位。現時艙內裝置了 4 個研究微重力下的生命科學和生物技術實驗櫃。

◀「問天」的氣閘艙出口直徑 1 米，比「天和」的大 30%，是太空人的主要出艙口。

「夢天」實驗艙

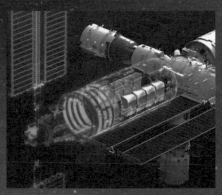

1.2 米 x 1.2 米艙門

貨物氣閘艙
（內艙）

載荷艙（外艙）

外艙展開式暴露平台

內艙艙門

內艙載荷轉移裝置

▲工作艙有 13 個實驗櫃位。
現時裝置了 8 個研究微重力科
學的應用實驗櫃。

艙中艙設計

工作艙

載荷艙（外艙）
貨物氣閘艙（內艙）

資源艙

通訊天線

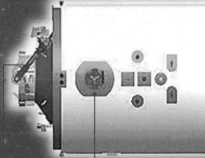

轉位至側向
永久停泊口
的短機械臂

機械臂駐錨點

展開式暴露載
荷實驗平台 x2

▶機械臂把艙外
載荷實驗品由艙
內轉移至暴露平
台上。

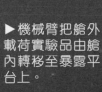

釋放微衛星 / 立方星功能

1 利用貨物氣閘艙內的載荷
轉移裝置（左上角的滑板）
把衛星由內艙移至外艙，再由機
械臂搬到釋放位置。

2 3 機械臂上的彈射裝置
把衛星釋放入軌道。

1

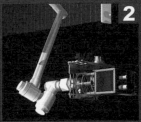
2

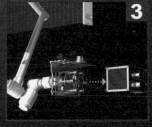
3

為何大氣壓力不會把我們弄扁？

Q1

林灝賢

最簡單的回答是：一個或稍多一些的大氣壓力，並不足以把我們壓扁，但更大的壓力就不敢保證了。比如，到深海潛水就要穿抗壓的潛水衣；人擠人互相踐踏至窒息死亡，更是常見的新聞。我們沒被外力弄扁，只因我們體腔內或皮膚下有足夠的「內力」抗衡大氣壓力，有如吹脹不漏的氣球會保持膨脹一樣。

這個充實我們體腔、支撐皮下的「內力」，靠的是甚麼物質呢？粗略看幾個部位吧：頭頂靠的是顱殼，胸腔靠的是肋骨，四肢既有骨頭，更有肌肉。腹部則由脊椎挺起，由肌肉拉直，隔着橫隔膜，腹內裏塞滿腸胃和臟器。老實說，我們這副完美無瑕的抗壓軀體，已是從遠古演化至今的進化恩物，使我們足以主宰地球，成為萬物之靈。

▶ 這種可潛入深海的潛水衣為了抵抗比大氣壓力高上數十至數百倍的水壓，其設計非常笨重。

為甚麼高氣壓區往往是晴天，低氣壓區往往是陰雨天？

Q2

邱博涵

高壓區

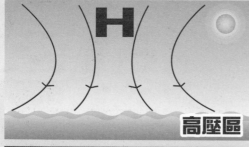

低壓區

在高氣壓區：氣溫下降，空氣密度隨之上升，反之亦然。當空氣密度增加，同一體積的空氣也會變得更重，於是氣壓便上升，形成高氣壓區了。

在高氣壓區內，地面的空氣受壓向外擴張，促使上方的空氣下降來填補向外流走的空氣。這些空氣也帶動水氣下沉，由於接近地面的區間氣溫比高空溫暖，水氣不易凝結，故此出現雲或雨水的機會減少，天氣變得晴朗和乾燥。

低氣壓區的情況則剛好相反。它因地面的空氣上升，而四周的空氣流入補充。空氣上升至高空遇冷，當中蘊含的水氣便會凝結成小水點，大量小水點集結成雲，接着雨雲愈來愈厚重，最終便下落成雨。

人們伐樹去建農場、大量種植飼料，連牛隻打嗝放屁產生甲烷都會增加碳排放，所以最好減吃牛肉。

那我要一份植物漢堡！

那真有意義！

吃菜必定任吃不胖！

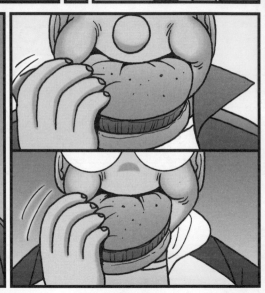

這……

怎會……

口感有些怪，跟真正的牛肉有點分別。

甚麼有點分別，鬆鬆散散的，根本與牛肉差得遠啊！

這就是植物肉的一大缺點。

唉，你説出重點呢。

不好吃是重點？

也不算不好吃……

你們等我一會。

廚房

怎麼了？

因植物肉以科學方式研製，目前成本仍很高。

但現在流行健康食素，這也是吸引之處吧。

植物肉未必是健康的。

如之前所説，為模仿肉味，有些植物肉摻入了油和大量調味料。

所含熱量及飽和脂肪不比真肉低，所以要小心選擇。

鹽

油

味精

難道説植物肉失敗了？

未必，只要努力改善質素，令產品普及化，便能漸漸降低成本。

不，已來不及了！

Mr.A？

最近這間A氏健康食品突然冒起，其背景很神秘。

A氏健康食品

有Mr.A在，非常可疑！

那裏聲稱其植物肉以秘方製成，味道或口感都與真肉無異。

A氏健康食品　WING餐廳

而且售價竟比市面便宜得多，非常吸引。

全行業有大半客人都被這公司搶走，我的公司也快倒閉了！

事有蹺蹊，你有A氏植物肉的樣本嗎？

〜完〜

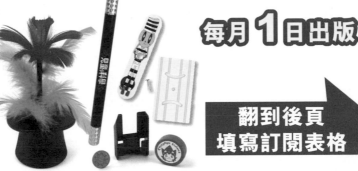

大偵探 7合1 求生法寶

溫度計　哨子　鏡子　或

隱密收納空間　放大鏡　指南針　電筒

大偵探口罩套裝
（包含 10 片口罩及 1 個收納套）

訂閱兒童的科學請在方格內打 ☑ 選擇訂閱版本

凡訂閱教材版 1 年 12 期，可選擇以下 1 份贈品：
□ 大偵探 7 合 1 求生法寶　或　□ 大偵探口罩套裝

訂閱選擇	原價	訂閱價	取書方法
□ 普通版（書半年 6 期）	~~$210~~	$196	郵遞送書
□ 普通版（書 1 年 12 期）	~~$420~~	$370	郵遞送書
□ 教材版（書 + 教材 半年 6 期）	~~$540~~	$488	☒ OK便利店 或書報店取書 請參閱前頁的選擇表，填上取書店舖代號→
□ 教材版（書 + 教材 半年 6 期）	~~$690~~	$600	郵遞送書
□ 教材版（書 + 教材 1 年 12 期）	~~$1080~~	$899	☒ OK便利店或書報店取書 請參閱前頁的選擇表，填上取書店舖代號→
□ 教材版（書 + 教材 1 年 12 期）	~~$1380~~	$1123	郵遞送書

訂戶資料

月刊只接受最新一期訂閱，請於出版日期前 20 日寄出。例如，想由 2 月號開始訂閱 兒童的科學，請於 1 月 10 日前寄出表格。

訂戶姓名：# _____　性別：_____　年齡：_____　聯絡電話：# _____

電郵：# _____

送貨地址：# _____

您是否同意本公司使用您上述的個人資料，只限用作傳送本公司的書刊資料給您？（有關收集個人資料聲明，請參閱封底裏）　# 必須提供

請在選項上打 ☑。　同意□　不同意□　簽署：_____　日期：_____年_____月_____日

付款方法　請以 ☑ 選擇方法①、②、③、④或⑤

□ ① 附上劃線支票 HK$ _____　（支票抬頭請寫：Rightman Publishing Limited）

　　銀行名稱：_____　支票號碼：_____

□ ② 將現金 HK$ _____ 存入 Rightman Publishing Limited 之匯豐銀行戶口
　　（戶口號碼：168-114031-001）。
　　現把銀行存款收據連同訂閱表格一併寄回或電郵至 info@rightman.net。

□ ③ 用「轉數快」（FPS）電子支付系統，將款項 HK$ _____ 轉數至 Rightman Publishing Limited 的手提電話號碼 63119350，並把轉數通知連同訂閱表格一併寄回、WhatsApp 至 63119350 或電郵至 info@rightman.net。

□ ④ 用香港匯豐銀行「PayMe」手機電子支付系統內選付款後，掃瞄右面 Paycode，輸入所需金額，並在訊息欄上填寫①姓名及②聯絡電話，再按「付款」便完成。付款成功後將交易資料的截圖連本訂閱表格一併寄回；或 WhatsApp 至 63119350；或電郵至 info@rightman.net。

□ ⑤ 用八達通手機 APP，掃瞄右面八達通 QR Code 後，輸入所需付款金額，並在備註內填寫❶ 姓名及❷ 聯絡電話，再按「付款」便完成。付款成功後將交易資料的截圖連本訂閱表格一併寄回；或 WhatsApp 至 63119350；或電郵至 info@rightman.net。

正文社出版有限公司
Scan me to PayME
PayME ❌HSBC

八達通 Octopus
八達通 App QR Code 付款

如用郵寄，請寄回：**「柴灣祥利街 9 號祥利工業大廈 2 樓 A 室」《匯識教育有限公司》訂閱部收**

收貨日期
本公司收到貨款後，您將於以下日期收到貨品：

- 訂閱 兒童的科學：每月 1 日至 5 日
- 選擇「☒ OK便利店 / 書報店取書」訂閱 兒童的科學 的訂戶，會在訂閱手續完成後兩星期內收到換領券，憑券可於每月出版日期起計之 14 天內，到選定的 ☒ OK便利店 / 書報店取書。

填妥上方的郵購表格，連同劃線支票、存款收據、轉數通知或「PayMe」交易資料的截圖，寄回「柴灣祥利街 9 號祥利工業大廈 2 樓 A 室」匯識教育有限公司訂閱部收、WhatsApp 至 63119350 或電郵至 info@rightman.net。

訂閱雜誌　除了寄回表格，也可網上訂閱！

香港柴灣祥利街9號
祥利工業大廈2樓A室
兒童的科學 編輯部收

有科學疑問或有意見、
想參加開心禮物屋，
請填妥問卷，寄給我們！

大家可用
電子問卷方式遞交

▼ 請沿虛線向內摺

請在空格內「✔」出你的選擇。

我購買的版本為：₀₁ □實踐教材版 ₀₂ □普通版

*開心禮物屋： 我選擇的禮物編號 [　　　]

*給編輯部的話

*我的科學疑難/我的天文問題：

*本刊有機會刊登上述內容以及填寫者的姓名。

有關今期內容

Q1：今期主題：「玩魔術學機關與心理科學」
₀₃ □非常喜歡　　₀₄ □喜歡　　₀₅ □一般　　₀₆ □不喜歡　　₀₇ □非常不喜歡

Q2：今期教材：「神奇魔術套裝」
₀₈ □非常喜歡　　₀₉ □喜歡　　₁₀ □一般　　₁₁ □不喜歡　　₁₂ □非常不喜歡

Q3：你覺得今期「神奇魔術套裝」容易使用嗎？
₁₃ □很容易　　₁₄ □容易　　₁₅ □一般　　₁₆ □困難
₁₇ □很困難（困難之處：＿＿＿＿＿＿＿）　　₁₈ □沒有教材

Q4：你有做今期的勞作和實驗嗎？
₁₉ □博學字母蛇　　₂₀ □實驗一：不倒硬幣柱
₂₁ □實驗二：急速冷凍杯

請沿實線剪下

請沿實線剪下

讀者檔案

#必須提供

#姓名：		男 女	年齡：	班級：
就讀學校：				
#居住地址：				
		#聯絡電話：		

你是否同意，本公司將你上述個人資料，只限用作傳送《兒童的科學》及本公司其他書刊資料給你？（請刪去不適用者）

同意/不同意 簽署：＿＿＿＿＿＿＿＿＿＿＿＿＿＿ 日期：＿＿＿＿＿＿年＿＿＿月＿＿＿日

（有關詳情請查看封底裏之「收集個人資料聲明」）

讀者意見

A 科學實踐專輯：搜捕魔術騙徒！

B 海豚哥哥自然教室：紅耳鵯

C 科學DIY：博學字母蛇

D 科學實驗室：科學魔術DIY

E IQ挑戰站

F 大偵探福爾摩斯實戰推理短篇：斷劍傳說

G 活動資訊站：大偵探福爾摩斯朗讀劇比賽2022頒獎盛況！

H 科技新知：沙子電池

I 地球揭秘：洋流哪裏去？表層洋流與黑潮

J 讀者天地

K 科學快訊：紫外線殺菌燈有壞處？

L 數學偵緝室：紅酒莊的走私犯

M 天文教室：中國太空站常駐太空人營運

N 曹博士信箱：為何大氣壓力不會把我們弄扁？

O 科學Q&A：又是植物又是肉？

＊請以英文代號回答Q5至Q7

Q5. 你最喜愛的專欄：

第 1 位 22＿＿＿＿＿ 第 2 位 23＿＿＿＿＿ 第 3 位 24＿＿＿＿＿

Q6. 你最不感興趣的專欄： 25＿＿＿＿ 原因：26＿＿＿＿＿＿＿＿

Q7. 你最看不明白的專欄： 27＿＿＿＿ 不明白之處：28＿＿＿＿＿＿

Q8. 你從何處購買今期《兒童的科學》？

29□訂閱 30□書店 31□報攤 32□便利店 33□網上書店

34□其他：＿＿＿＿＿＿＿＿＿＿＿＿＿＿

Q9. 你有瀏覽過我們網上書店的網頁www.rightman.net嗎？

35□有 36□沒有

Q10. 你喜歡哪一項運動？

37□足球 38□籃球 39□排球 40□羽毛球 41□網球

42□壁球 43□短跑 44□馬拉松 45□游泳 46□空手道

47□柔道 48□跆拳道 49□劍道 50□功夫 51□劍擊

52□其他＿＿＿＿＿＿＿＿＿＿＿＿＿＿＿＿